实验概要

本书涉及的大学计算机基础知识点主要有硬件平台、软件平台、系统、人工智能、程序设计、算法和虚拟仿真等。本书将10项实验归类于认知实验、基础实验和拓展实验三个模块。认知实验模块通过实物感知、软件操作进行知识探索；基础实验模块通过阅读和修改程序来理解概念原理、提高编程实践能力；拓展实验模块旨在借助大数据、开源硬件、虚拟仿真的平台来帮助学生了解新技术、新方法。每项实验均有背景知识介绍和详细实验步骤，并配有中国大学MOOC上的开放课程资源，支持8～32学时的实验课使用，读者可选择感兴趣的内容开展教与学。大学计算机创新（无人驾驶）实验内容如表0-1所示。

表0-1　大学计算机创新（无人驾驶）实验内容

模块	实验名称	知识点
认知实验	实验1　知识探索——无人驾驶车辆的传感器	硬件平台，传感器
	实验2　知识探索——机器人操作系统	软件平台，Ubuntu，ROS，虚拟机
基础实验	实验3　挑战代码——无人驾驶的车速预测	程序设计，感知，卡尔曼滤波算法
	实验4　挑战代码——无人驾驶的路径规划	程序设计，规划，A*算法
	实验5　挑战代码——无人驾驶的车辆控制	程序设计，控制，PID算法
	实验6　挑战代码——交通标志牌的图像识别	程序设计，机器学习，CNN模型
拓展实验	实验7　知识探索——无人驾驶的高精度地图	数据管理，高精度地图
	实验8　挑战代码——制作智能小车	程序设计，Arduino，传感器
	实验9　虚拟仿真——无人驾驶的虚拟仿真测试	虚拟仿真，无人驾驶仿真
	实验10　虚拟仿真——高铁轨道的智能运维	虚拟仿真，高铁轨道检测，传感器，机器学习

模块一　认知实验

实验1　知识探索——无人驾驶车辆的传感器

无人驾驶系统是一个集成了计算机、传感器、操作系统、应用软件、算法的复杂计算机系统，硬件平台包括控制装置、传感器、计算机硬件部件，其涉及的传感器种类很多，包括激光雷达、摄像头、全球定位系统、惯性测量单元、毫米波雷达和超声波雷达。本实验通过向学生展示无人驾驶实体车，让学生近距离接触车载传感器，结合所学原理了解无人驾驶车辆的感知能力，进而对复杂的无人驾驶系统有一个概貌性的认识。

实验2　知识探索——机器人操作系统

ROS（robot operating system）是常用于机器人和无人驾驶领域的操作系统，包括专用的

工具软件、库代码和约定协议，也提供用于获取、编写、编译和跨计算机运行代码所需的工具和库函数，简化了跨机器人平台创建机器人行为过程的难度与复杂度。基于 ROS，本实验模拟了以下基本运动功能：自由移动、圆周运动、绕过障碍物和复杂环境巡径。本实验使用 VMware 虚拟机软件、Ubuntu 操作系统、kinetic 版本的 ROS 机器人编程框架、仿真界面工具包 RViz 等软件。本实验融入路径规划与导航应用场景，学生通过配置 ROS 运行环境、自主搭建工作空间、加载地图与场景文件、设置始末点等实验流程，实现趣味性、沉浸式和探究式体验学习。通过实验操作，学生可以掌握软件平台常用命令，了解基本的人机交互方法的实现途径。

模块二　基础实验

实验 3　挑战代码——无人驾驶的车速预测

无人驾驶车（简称无人车）通过传感器来获得某一时刻车辆的环境信息。由于传感器的测量存在误差，需要对测量结果进行实时更新和处理来保证位置、速度等信息的准确性。卡尔曼滤波是利用线性系统状态方程对系统状态进行最优估计的算法，在通信、导航与控制等多领域得到了较好的应用效果。本实验使用 Python 编程语言、PyCharm 开发环境，通过设置不同情景实现卡尔曼滤波算法，通过绘制图形来对比分析结果。通过阅读、理解和运行代码，学生能够掌握基本编程方法、算法应用、绘制图形、分析比较等一系列工作过程。

实验 4　挑战代码——无人驾驶的路径规划

路径规划方法是在有障碍物的环境下，通过考虑局部移动主体，规划一条从起始状态到目标状态的不发生碰撞的路径。A*算法是一个经典的空间路径搜索算法，在无人驾驶领域中用来找到城市网格中最短的一条路线，也可用于局部搜索最优路径。在实验中，学生理解工作原理，阅读和运行代码、修改相关参数、使用评价指标与其他算法实验结果进行对比。通过实验，学生能够理解 A*算法在无人驾驶路径规划方面的应用，学习使用数据结构来构建算法模型，提高程序设计的综合能力。

实验 5　挑战代码——无人驾驶的车辆控制

无人驾驶汽车的车辆控制，是基于环境感知技术获得外部环境信息，根据决策规划目标轨迹，再通过车辆的纵向和横向控制系统的配合，使汽车在行驶过程中能够实现车速调节、车距保持、换道、超车等车辆操作。本实验通过 PID 算法，让学生思考实际应用中的各种影响因素，学习车辆控制的具体实现方法。通过确定比例系数、积分系数和微分系数，对比输出曲线图，分析实验结果，学生可了解无人驾驶控制模块的相关知识，体会其应用场景，强化算法和程序设计综合能力。

实验 6　挑战代码——交通标志牌的图像识别

基于深度学习的计算机视觉被广泛应用于无人驾驶领域，包括动态物体检测、通行空间检测、车道线检测和静态物体检测。静态物体检测是无人驾驶感知环节的基础，其分类任务的结果为决策规划功能提供重要依据。本实验基于深度学习模型来识别不同类别的交通标志，采用卷积神经网络模型，使用 GTSRB 公开数据集进行训练、验证和测试。数据处理流程包括数据集描述、灰度图像、灰度图像均衡化和数据增强等操作。本实验的编程语言是 Python，采用 PyCharm 开发环境，主要的库函数有数值计算库 numpy、数据分析库 pandas、机器学习库 sklearn、可视化库 matplotlib、深度学习库 keras。学生逐块运行 200 余行代码，产生中间图表和最后模型的准确率结果，识别准确率可以达到 95%。学生还可以通过自己修改超参数来进行拓展，对比不同参数情况下的模型性能。通过实验，学生能够深入理解深度学习在无人驾驶中的应用方法和实现过程，面向应用解决问题。

模块三　拓展实验

实验 7　知识探索——无人驾驶的高精度地图

数字地图是人类使用的在一定坐标系统内具有确定的坐标和属性的地面要素和现象的离散数据的集合。在无人驾驶中，使用的不是传统的数字地图，而是高精度地图，是专为无人驾驶而设计的精度更高、数据维度更多的数字地图。高精度地图是为机器设计的，它有复杂的数据元素，包含更丰富的道路交通相关信息，如车道线的位置、类型、宽度、坡度和曲率、交通标志、信号灯、车道限高、下水道口、障碍物、高架物体、防护栏、道路边缘类型、路边地标等道路交通相关信息，包含细节和较为丰富的语义。因此，高精度地图需要符合数据格式的规范，主要规范有：地理数据文件（GDF）规范，导航数据标准（NDS），OpenDRIVE格式规范等。本实验以 OpenDRIVE 为例，将数据进行多层次规范化管理和可视化。通过实验，学生能够对高精度地图、数据管理和可视化有较为深入的理解。

实验 8　挑战代码——制作智能小车

Arduino 是一款开源电子平台，它包含硬件（各种型号的 Arduino 板）和软件（Arduino IDE），能通过使用各种各样的传感器来感知环境，通过控制各种装置来实现丰富的功能。它小巧便捷、方便上手、程序设计简单清晰、开源社区活跃、应用发展迅速，是一款很好的学习和实践平台。实验中，我们使用的部件主要有 Arduino UNO 电路板、L293D 驱动模块和传感器，通过硬件连接和软件编程，实现自己动手制作一辆“小车”。因硬件资源有限，本实验主要配合丰富的演示视频完成。通过实验，学生能够对开源硬件、传感器的应用有较为深入的理解。

实验 9　虚拟仿真——无人驾驶的虚拟仿真测试

无人驾驶，安全第一。算法模型需要达到极高的性能才能保证无人驾驶的安全可靠，而这离不开大量的实际道路驾驶测试，即路测。有研究表明，无人驾驶算法想要达到“类人”即驾驶员的水平，需要累计超过 177 亿 km 的行驶数据方可实现。因此，基于虚拟仿真的路测非常重要。目前无人驾驶仿真技术已经较为成熟，仿真环境变得越来越多样化、真实化，能够有效地验证无人驾驶车辆的性能和安全性。以 Gazebo、Webots、CARLA 和 Apollo 等为代表的众多开源或商业化仿真测试平台，都在持续积极改进和更新自身技术。本实验以国内著名的开源平台 Apollo 为基础，让学生对无人驾驶开源仿真平台的功能有一个整体了解。

实验 10　虚拟仿真——高铁轨道的智能运维

高铁是我国的新名片。本实验让学生参与高铁轨道的巡检过程，体验高铁轨道的智能运维。本实验基于北京交通大学自主研发的“高铁轨道巡检视觉感知虚拟仿真实验教学平台”开展实验，通过虚拟仿真技术模拟在不同线路和天气环境下的高铁轨道巡检模式，帮助学生学习和分析典型的轨道病害，动手参与实际高铁轨道的巡检过程。实验内容包括“传感器原理实验”“轨道视觉巡检实验”“轨道病害识别实验”，让学生理解计算机的实际应用，锻炼学生综合解决问题的能力。

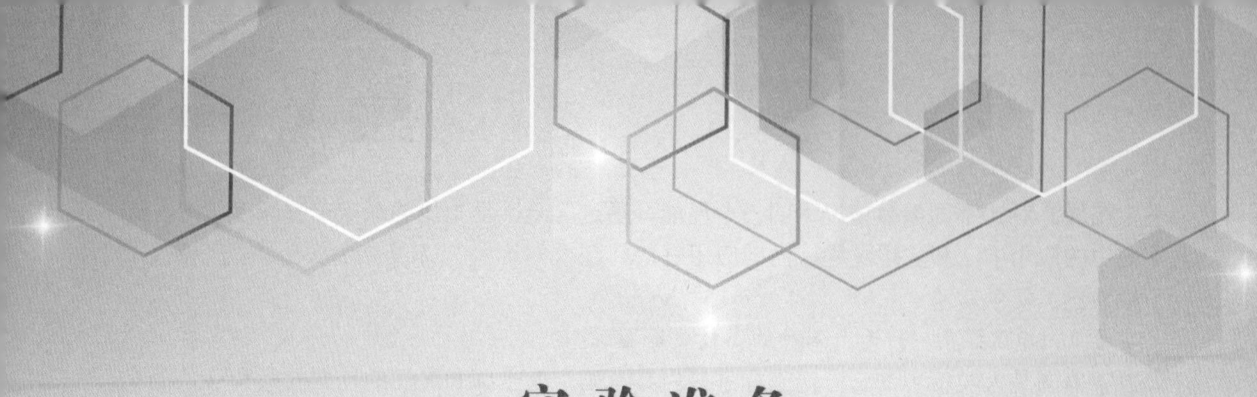

实验准备

1. 实验环境

大学计算机创新（无人驾驶）实验环境如表 0–2 所示。软件工具以开源免费为主，方便部署实验环境，硬件操作配有教学视频，方便观看学习。

表 **0–2** 大学计算机创新（无人驾驶）实验环境

实验名称	实验环境
实验 1 知识探索——无人驾驶车辆的传感器	硬件（无人驾驶教学实体车）
实验 2 知识探索——机器人操作系统	VMware，Ubuntu，ROS
实验 3 挑战代码——无人驾驶的车速预测	PyCharm
实验 4 挑战代码——无人驾驶的路径规划	PyCharm
实验 5 挑战代码——无人驾驶的车辆控制	PyCharm
实验 6 挑战代码——交通标志牌的图像识别	PyCharm
实验 7 知识探索——无人驾驶的高精度地图	Visual Studio Code，Truevision
实验 8 挑战代码——制作智能小车	硬件（Arduino UNO 电路板，L293D 驱动模块和传感器），Arduino IDE
实验 9 虚拟仿真——无人驾驶的虚拟仿真测试	浏览器
实验 10 虚拟仿真——高铁轨道的智能运维	浏览器

2. 实验资源

本书配套资源丰富，方便教师组织开展实验教学，也方便读者自学。大学计算机创新（无人驾驶）实验资源如表 0–3 所示。

表 **0–3** 大学计算机创新（无人驾驶）实验资源

类别	资源内容
视频资源	中国大学 MOOC“大学计算机创新实验”课程（https://www.icourse163.org/learn/NJTU-1450813184）。该课程每年秋季开课，开放使用
教学资源	配有实验教学概要、主要实验环境的压缩包、各实验的讲解 PPT 等
程序代码	“挑战代码”实验的源程序文件（默认安装路径为：D:\experiment\）

索取以上资源，可联系作者（邮箱：wzhou@bjtu.edu.cn）或本书责任编辑（邮箱：hliu3@bjtu.edu.cn；QQ：39116920）。

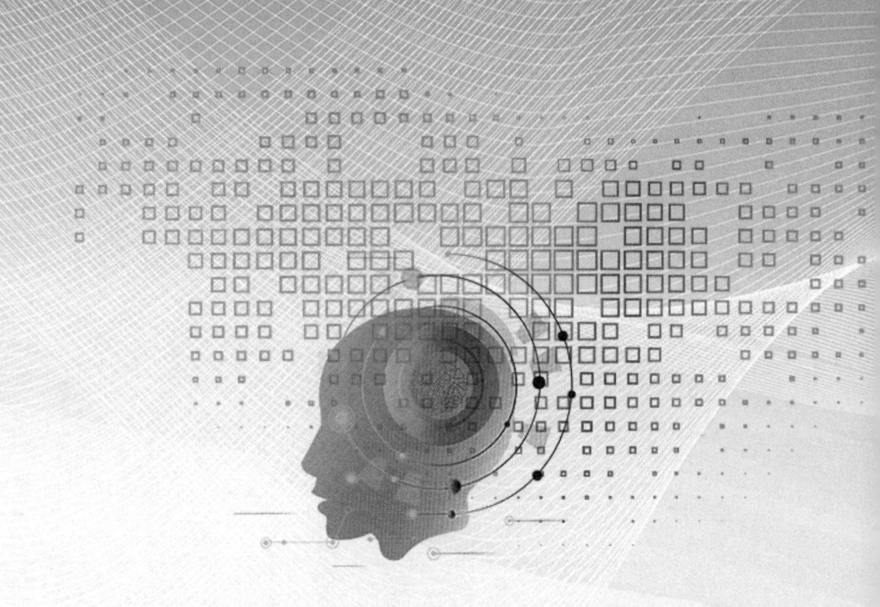

模块一　认知实验

实验 1

知识探索——无人驾驶车辆的传感器

实验目的

1. 认识和了解无人驾驶实体车的多种传感器；
2. 理解主要传感器的特点和功能。

实验内容

1. 通过观察实物，准确识别无人驾驶实体车的传感器；
2. 对实体车传感器部件的功能有基本认识。

预备知识

无人驾驶系统涵盖了人工智能、大数据、云计算等领域的技术，是一个集成了计算机、传感器、操作系统、应用软件、算法的复杂计算机系统。无人驾驶系统的关键技术大体分为环境感知技术、智能决策技术、控制执行技术等。实体车通过环境感知技术获取周围环境的实时、高质量的信息，再通过智能决策技术对车辆现状进行分析并决定车辆下一步的行动，最后通过控制执行技术对车辆进行操作。环境感知技术包括图像处理技术、车辆与周围物体空间物理交互（激光雷达、毫米波雷达、超声波雷达）的障碍物检测技术，以及多源信息融合等。智能决策技术是实体车行驶过程中的“指挥”保障，涉及危险突发情况、优先级判别、场景特征分析、运动规划、人机实时交互等方面的综合处理。控制执行技术则是完成针对实体车横、纵向运动的精准实时控制，保证车辆行驶的安全性和可靠性。

无人驾驶的硬件平台是多种技术和模块的集成，包括控制装置、传感器、计算机硬件，例如激光雷达、摄像头、全球导航卫星系统、惯性导航系统、计算平台、毫米波雷达和超声波雷达等。

1. 激光雷达

激光雷达，又名光学雷达，是一种先进的光学遥感技术设备。雷达的工作原理是向目标发射探测信号，然后将接收到的从目标反射回来的信号（目标回波）与发射信号进行比较。信息经过处理后，可以获得障碍物、移动物体等目标的距离、方位、高度、速度、姿态、形状等参数。由于激光具有能量密度高、方向性好的特点，激光雷达的探测距离往往能达到

100 m 以上，可以用于测量物体距离和表面形状，精度可达厘米级。与其他雷达系统相比，激光雷达有探测范围更广、探测精度更高的优势，因此成为目前无人驾驶上应用较广泛的传感器。

激光雷达按线束数量可以分为单线束激光雷达和多线束激光雷达。单线束激光雷达扫描一次只能产生一条扫描线，可以获取事物的二维信息，即平面信息，无法获得高度信息，常应用在如扫地机器人、地形测绘等方面。多线束雷达可以获取物体的三维数据，目前应用在无人驾驶中的主要有 4 线束、16 线束、32 线束、40 线束、64 线束或更高线束的激光雷达。

激光雷达在无人驾驶中有两个核心作用。

（1）三维建模与环境感知。通过激光雷达的扫描可以得到实体车周边环境的 3D 模型，可运用相关算法对比环境的变化来探测车辆和行人，进行障碍物的检测、分类和跟踪。

（2）即时定位与地图构建。实体车在移动过程中，将得到的信息与高精度地图中的特征物进行对比，可实现定位、导航、构建地图等功能。

常见的激光雷达是机械式激光雷达，其通过不断旋转发射头，将激光从线变为面，并通过在竖直方向上排布的多束激光形成多个面，达到三维扫描并动态接收信息的目的。除机械式激光雷达外，还有固态激光雷达和混合固态激光雷达等多种形态。

2. 摄像头

车载摄像头主要用于采集图像，并将图像转换为数据。系统对采集的图像进行识别，如环境中的车辆、行人、车道线、交通标志等，最后根据物体的运动模式来估算物体与实体车的相对距离和相对速度等信息。

相比于其他传感器，摄像头是最为接近人眼获取周围环境信息的。无人驾驶实体车上配置的摄像头采集的数据量远大于激光雷达产生的数据量。摄像头技术比较成熟，使用成本较低，应用广泛，但摄像头识别也存在一定的局限性，其受光线、天气影响大，在恶劣天气或昏暗环境中识别效果难以得到保障。另外，基于机器学习模型的识别方法，需要的训练样本大，训练周期长，难以识别非标准障碍物；由于广角摄像头的边缘畸变，得到的距离准确度较低，这些都是摄像头的缺点。

目前摄像头可划分为单目前视、单目后视、立体（双目）前视和环视摄像头。单目前视摄像头一般安装在前挡风玻璃上部，用于探测实体车前方环境，识别道路、车辆、行人等。单目前视摄像头先通过图像匹配进行目标识别（识别各种车型、行人、物体等），再通过目标在图像中的大小去估算目标距离。对目标进行准确识别，需要建立并不断维护一个庞大的样本特征数据库，保证这个数据库包含待识别目标的全部特征数据。单目后视摄像头一般安装在车尾，用于探测车辆后方环境。立体（双目）前视摄像头依靠两个平行布置的摄像头，通过对两幅图像视差的计算和三角测距，对前方景物（图像所拍摄到的范围）进行距离测量。该方案需要两个摄像头有较高的同步率和采样率，重点在于双目标定及双目定位。双目摄像头可以直接测量，且无须像单目摄像头一样维护样本数据库，但相较于单目摄像头和激光雷达，双目摄像头在距离测算上的硬件成本和计算量级的要求也具有挑战性。环视摄像头一般至少包括 4 个摄像头，分别安装在车辆前、后、左、右侧，实现 360°环境感知，其技术难点主要在于畸变还原与对接。

3. 全球导航卫星系统

全球导航卫星系统（global navigation satellite system，GNSS），是能在地球表面或近地空

间的地点提供三维时空信息的无线电导航定位系统。全球主要有四大卫星导航系统供应商：中国的北斗导航卫星系统（BDS）、美国的全球定位系统（GPS）、俄罗斯的格洛纳斯导航卫星系统（GLONASS）、欧盟的伽利略导航卫星系统（Galileo）。

GNSS 提供具备全球覆盖、全天时、全天候、连续性等优点的三维导航和定位，具有测量、定位、导航、救援等功能，但在复杂的动态环境中，尤其是在大城市，GNSS 信号容易受到建筑物的遮挡和严重的多路径效应干扰，导致获得的 GNSS 定位信息很容易产生米级的误差。此外，由于 GNSS 的更新频率低（10 Hz），它在实体车快速行驶时很难给出精准的实时定位。

实时动态（real-time kinematic，RTK）测量技术是实时处理两个测量站载波相位观测量的差分方法。RTK 技术由基准站接收机、数据链、流动站接收机三部分组成。它以基准站的接收机为参考站，对卫星连续观测，并将观测数据通过无线数据链实时发送给流动站。流动站对应无人驾驶中的实体车，接收机接收卫星信号的同时，也通过 RTK 天线接收基准站传输的数据。最后根据相对定位原理，实时计算实体车的三维坐标。这是目前常用的卫星定位测量方法，在野外可以实时得到厘米级定位。

4. 惯性导航系统

惯性导航系统是一种不依赖外部信息，也不向外部辐射能量的自主式导航系统，它通过测量实体车的加速度并自动计算，获得实体车瞬时速度和瞬时位置数据。惯性导航系统主要由惯性测量单元（inertial measurement unit，IMU）、信号预处理和机械力学编排等模块组成，其中最重要的部分是惯性测量单元。

惯性测量单元包括加速度计和陀螺仪，主要用于检测和测量加速度、倾斜、冲击、振动、旋转和多自由度运动，是解决导航、定向和运动载体控制的重要部件。惯性测量单元的优点是不依赖外界信息、抗干扰、数据更新频率高、短期精度高、能输出姿态信息等，但是纯惯性导航的误差会随着导航时间的延长而迅速累积，因此在无人驾驶中，GNSS 通常和惯性测量单元一起使用，以增强定位的精度。通过基于卡尔曼滤波的传感器融合技术融合 GNSS 与 IMU 数据，结合 GNSS 定位精度高和误差无积累的特点，以及 IMU 的自主性和实时性的优点，GNSS 与 IMU 融合，一方面可以实现导航设备之间优势互补，增强系统适应动态的能力，并使整个系统获得优于局部系统的精度；另一方面提高了空间和时间的覆盖范围，从而实现真正意义上的连续导航。

由于惯性导航系统具有能自主地、隐蔽地获取实体车运动信息的优势，惯性导航系统一直是无人驾驶中获取实体车位置和方位的重要手段。

5. 计算平台

计算平台是无人驾驶系统的基础。当硬件传感器接收到环境信息后，数据会被导入计算平台进行运算。无人驾驶系统的计算量随着传感器数据量和精度的提升而剧增，为了保证无人驾驶的实时性，软件响应的最大延迟必须在可接受范围内。无人驾驶的计算平台衡量指标主要包括性能、功耗和功能安全，目前能被行业普遍接受的计算平台主要有以下 4 种：基于 GPU、基于 FPGA、基于 DSP 和基于 ASIC 的计算平台。

图形处理器（graphics processing unit，GPU）是一种专门在个人电脑、工作站、游戏机和一些移动设备（如平板电脑、智能手机等）上做图像和图形相关运算工作的微处理器。GPU 的多核心、高内存带宽等设计优点，使它在并行计算、浮点运算时的性能是中央处理器的数

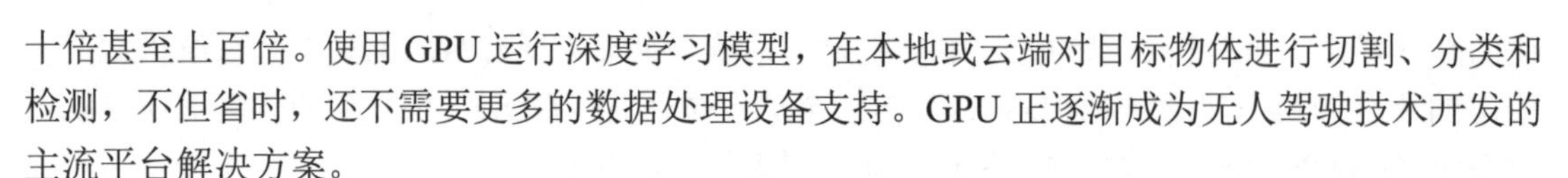

十倍甚至上百倍。使用 GPU 运行深度学习模型，在本地或云端对目标物体进行切割、分类和检测，不但省时，还不需要更多的数据处理设备支持。GPU 正逐渐成为无人驾驶技术开发的主流平台解决方案。

现场可编程逻辑门阵列（field programmable gate array，FPGA）是一种高性能、低功耗的可编程芯片，可以根据产品需求进行任意化功能配置。它在性能、开发时间、成本、稳定性和长期维护方面都有优势。对比 GPU 和 CPU，FPGA 的主要优势在于硬件配置灵活、能耗低、性能高，以及可编程等，适合进行感知计算，但是目前 FPGA 产品迭代较慢，难以满足无人驾驶技术高速发展的需求。

数字信号处理器（digital signal processor，DSP）是一种适合数字信号处理运算的微处理器，可以实时快速地实现各种数字信号处理算法。DSP 的架构设计特点使其在数学运算和数据处理方面都有较好的表现，强大的数据处理能力和高运行速度是其两大优势。

专用集成电路（application specific integrated circuit，ASIC）是为特定用户要求和特定电子系统的需要而设计、制造的芯片。一旦设计制造完成，电路和算法就已固定无法再改变。它的优势在于体积小、功耗低、计算性能和计算效率高，且芯片出货量越大成本越低。

实验步骤

本实验使用百度 Apollo 自动驾驶开发套件中的 Apollo D-KIT Lite s 实体车，如图 1–1 所示。Lite s 实体车详细参数见表 1–1。实体车的硬件部分由纯电动线控底盘（含支架与动力电池）、工业级车载计算平台、厘米级高精度惯性组合导航、RTK 天线、行业主流高性能激光雷达、全高清摄像头和路由器组成。

图 1–1　Lite s 实体车

表 1-1 Lite s 实体车详细参数

产品参数	实体车（Lite s）
尺寸（含支架）	1 740 mm×860 mm×1 490 mm
车速	最高 20 km/h
电池（支持换电）	60 V/32 A・h
续航时间	4～6 h
续航里程	60 km（综合工况）
最小转弯半径	2.5 m
爬坡度	20%（满载）
最小离地间隙	115 mm
轴距	960 mm
整车质量	240 kg
安全保障	限速保护、遥控器接管、急停开关、碰撞保护
遥控器	消费级遥控器（含急停功能）
调车工具	15.6 英寸高亮度显示器+键盘支架
灯光辅助	前照灯、转向灯、制动灯
线控规范	Apollo 线控规范
驱动系统	单驱动电车（车规级 MCU），后置驱动
制动系统	液压制动（车规级 EHB）
转向系统	前轮阿克曼
悬架系统	整体桥式非独立悬架

本实验重点观察激光雷达、摄像头、RTK 定位天线、惯性测量单元和计算平台等部件。无人驾驶车主要传感器部件如表 1-2 所示，应观察并理解它们的功能。

表 1-2 无人驾驶车主要传感器部件

传感器名称	功能	图片
激光雷达	观察激光雷达的外观，了解激光雷达的作用：通过激光束探测障碍物的位置、速度等特征	
摄像头	观察车载摄像头。摄像头相当于“人眼”，通过观察周围环境，识别车辆、行人和交通标志	

续表

传感器名称	功能	图片
RTK 定位天线	观察天线，了解 RTK 定位天线的作用：接收信号，经过计算后实现高精度定位	
惯性测量单元	观察惯性测量单元的外观，了解其功能：可以高频次获得车辆运动信息，如位置、速度、加速度、角度等	
计算平台	观察计算平台外观，了解计算平台的作用：负责对多种传感器输入的数据进行计算	

实验作业

观察实体车各部件，思考车辆各部件的功能和实际应用场景。

参考网站

Apollo 自动驾驶开发套件：https://developer.apollo.auto/apollo_d_kit.html

参考文献

[1] 王建，徐国艳，陈竞凯，等. 自动驾驶技术概论[M]. 北京：清华大学出版社，2019.
[2] 甄先通，黄坚，王亮，等. 自动驾驶汽车环境感知[M]. 北京：清华大学出版社，2020.
[3] 李晓欢，杨晴虹，宋适宇，等. 自动驾驶汽车定位技术[M]. 北京：清华大学出版社，2019.

常用英文缩写

激光雷达/光学雷达：light detection and ranging，LiDAR
即时定位与地图构建：simultaneous localization and mapping，SLAM
全球导航卫星系统：global navigation satellite system，GNSS

全球定位系统：global position system，GPS
格洛纳斯导航卫星系统：global navigation satellite system，GLONASS
北斗导航卫星系统：beidou navigation satellite system，BDS
实时动态：real-time kinematic，RTK
惯性测量单元：inertial measurement unit，IMU
图形处理器：graphics processing unit，GPU
中央处理器：central processing unit，CPU
可编程逻辑门阵列：field programmable gate array，FPGA
数字信号处理器：digital signal processor，DSP
专用集成电路：application specific integrated circuit，ASIC

实验 2

知识探索——机器人操作系统

实验目的

1. 熟悉 Linux（Ubuntu）基本操作命令；
2. 初步了解 ROS 平台；
3. 了解几种基本运动功能的实现方法。

实验内容

基于 ROS，本实验模拟了以下基本运动功能：
1. 自由移动实验；
2. 圆周运动实验；
3. 绕过障碍物实验；
4. 复杂环境巡径实验。

预备知识

1. Linux / Ubuntu 操作系统

Linux 操作系统是目前计算机主流操作系统之一。Ubuntu 是以 Linux 为内核的操作系统，它具有免费开源、个性化、人机交互友好、软件源丰富、硬件兼容性好等特点。本实验使用 Ubuntu 16.04 版本。

2. VMware 虚拟机

虚拟机（Virtual Machine）指通过软件模拟的具有完整硬件系统功能的、运行在一个完全隔离环境中的计算机系统。VMware Workstation（以下简称 VMware）是目前流行的虚拟机管理软件之一，其操作界面简洁，具有很好的灵活性，与物理机隔离效果优秀，涵盖了许多虚拟化需求，应用广泛。本实验使用 VMware Workstation pro 16.2.4 版本。

3. ROS 系统

机器人操作系统（robot operating system，ROS）是面向机器人开发的开源操作系统，其广泛运用于机器人、无人驾驶领域。除了提供传统操作系统的诸多功能外，它还提供相关的工具库、通信、存储等，用于在多个计算机部件之间运行程序，完成计算。ROS 的可视化工具 RViz，可用于传感器的数据和状态信息的可视化。不同的 Ubuntu 版本对应着不同的 ROS 平台，本实验的实验平台使用 ROS kinetic，是 Ubuntu 16.04 版本对应的 ROS 版本号。

4. 实验环境

首先在 Windows 系统中安装 VMware 虚拟机；然后在虚拟机中安装 Ubuntu；最后在 Ubuntu 中安装、配置 ROS。实验环境设置成功后，可对无人驾驶的基本运动功能进行实验：自由移动、圆周运动、绕过障碍物、复杂环境巡径等。

实验文件

实验文件为虚拟机 vmx 配置文件、rar 文件，保存在 VMware 虚拟机文件夹下（具体名称略）。

实验步骤

1. 实验准备

（1）计算机中已经安装、配置好 VMware 虚拟机及实验环境，启动运行 VMware 软件。若没有 VMware 虚拟机及实验环境，可参考附录 A 和附录 B 进行安装配置。VMware 虚拟机图标如图 2–1 所示。

图 2–1　VMware 虚拟机图标

（2）在 VMware 虚拟机中已经安装、配置好了 Ubuntu，并在 Ubuntu 中预先配置好了 ROS 系统。单击左上角“开启此虚拟机”，启动虚拟机（见图 2–2）。

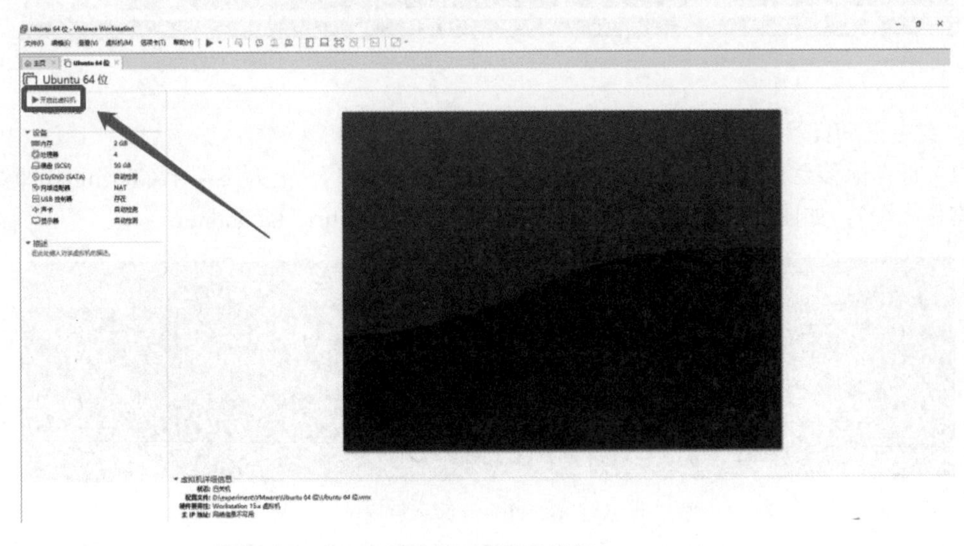

图 2–2　启动虚拟机

（3）登录用户界面。输入管理员账户 bjtu123，输入密码 123，进入桌面。若出现提示，按照默认选项确认。（注意：确保以账户 bjtu123 登录系统。若以 guest 登录系统，则后续工作会因为权限有限而无法进行。）虚拟机登录界面如图 2–3 所示。

图 2–3　虚拟机登录界面

（4）登录后的虚拟机主界面如图 2–4 所示，在此界面进行本次实验。

图 2–4　虚拟机主界面

2. 自由移动实验

（1）将光标移至桌面，右击桌面→选择“Open Terminal”，记为终端 1（Terminal 即终端，下述均称终端）。如图 2–5 所示，终端界面的名称应该为 bjtu123@ubuntu。

图 2–5　终端界面示意图

（2）在终端 1 的界面上，输入以下命令，回车。（注：命令行“#”后面的中文内容为注释，不用输入。）

```
roscore        #启动 ROS 系统
```

执行 roscore 命令后的终端界面如图 2–6 所示。

```
bjtu123@ubuntu:~$ roscore
... logging to /home/bjtu123/.ros/log/efdc505a-340b-11ed-81e1-000c2985ebfb/roslaunch-ubuntu-3916.log
Checking log directory for disk usage. This may take awhile.
Press Ctrl-C to interrupt
Done checking log file disk usage. Usage is <1GB.

started roslaunch server http://ubuntu:44467/
ros_comm version 1.12.17


SUMMARY
========

PARAMETERS
 * /rosdistro: kinetic
 * /rosversion: 1.12.17

NODES

auto-starting new master
process[master]: started with pid [3927]
ROS_MASTER_URI=http://ubuntu:11311/
```

图 2–6　执行 roscore 命令后的终端界面

（3）将光标移到当前终端 1 上，右击桌面→选择“Open Terminal”，建立新的终端，记为终端 2。在终端 2 的界面上输入以下命令，回车。

```
rosrun turtlesim turtlesim_node      # rosrun 表示运行 ROS 的应用程序
```

执行 rosrun 命令后界面如图 2–7 所示。

```
bjtu123@ubuntu: ~
bjtu123@ubuntu:~$ rosrun turtlesim turtlesim_node
[ INFO] [1663147972.698906769]: Starting turtlesim with node name /turtlesim
[ INFO] [1663147972.708738916]: Spawning turtle [turtle1] at x=[5.544445], y=[5.
544445], theta=[0.000000]
```

图 2–7　执行 rosrun 命令后界面（一）

此时会弹出小海龟图形，如图 2–8 所示。小海龟图形是随机的，每次生成的小海龟形象可能不同。

图 2–8　小海龟图形

（4）将光标移到当前终端 2 上，右击桌面→选择“Open Terminal”，建立新的终端，记为终端 3。在终端 3 的界面上输入以下命令，回车。

```
rosrun turtlesim turtle_teleop_key      #rosrun 表示运行 ROS 的应用程序
```

注：本条命令的参数和上面第（3）步的参数不同。

执行 rosrun 命令后界面如图 2-9 所示。

图 2-9　执行 rosrun 命令后界面（二）

（5）在第（3）步出现的小海龟界面上，按键盘上的“↑、↓、←、→”键，可以控制小海龟的移动，如图 2-10 所示。（注意，如果小海龟不移动，单击终端 3，再按“↑、↓、←、→”键，小海龟即可移动。）

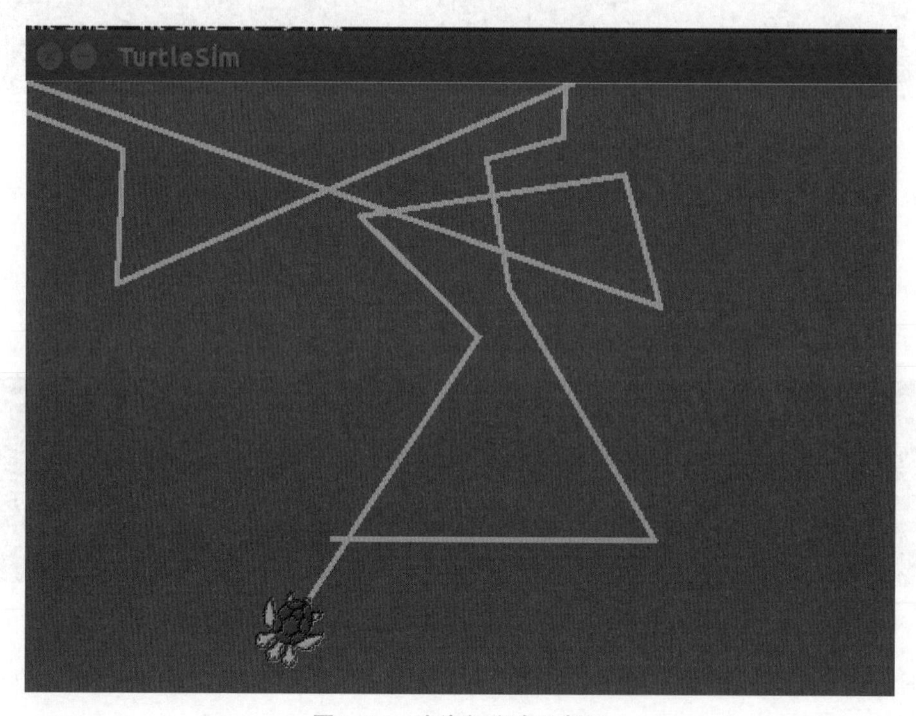

图 2-10　小海龟移动示意图

（6）感兴趣的学生可根据终端界面上路径的提示，查找系统的源代码文件，了解程序设计思路和程序架构。

（7）关闭实验的所有窗口。

3. 圆周运动实验

1）配置

（1）右击桌面，选择“Open Terminal”，记为终端 1→输入以下命令，回车。

```
sudo gedit ~/.bashrc        #编辑文件
```

执行 sudo 命令后界面如图 2-11 所示。

```
bjtu123@ubuntu: ~
bjtu123@ubuntu:~$ sudo gedit ~/.bashrc
[sudo] password for bjtu123:
```

图 2-11　执行 sudo 命令后界面

输入密码：123（密码不会显示），回车。执行 sudo 命令出现的文档如图 2-12 所示。

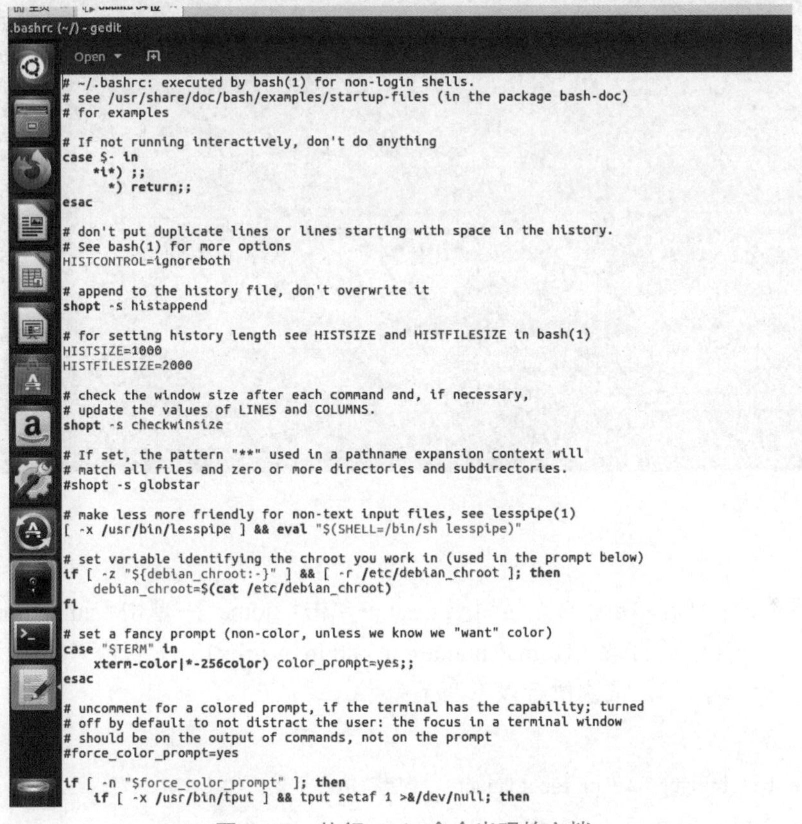

```
.bashrc (~/) - gedit
Open ▾
# ~/.bashrc: executed by bash(1) for non-login shells.
# see /usr/share/doc/bash/examples/startup-files (in the package bash-doc)
# for examples

# If not running interactively, don't do anything
case $- in
    *i*) ;;
      *) return;;
esac

# don't put duplicate lines or lines starting with space in the history.
# See bash(1) for more options
HISTCONTROL=ignoreboth

# append to the history file, don't overwrite it
shopt -s histappend

# for setting history length see HISTSIZE and HISTFILESIZE in bash(1)
HISTSIZE=1000
HISTFILESIZE=2000

# check the window size after each command and, if necessary,
# update the values of LINES and COLUMNS.
shopt -s checkwinsize

# If set, the pattern "**" used in a pathname expansion context will
# match all files and zero or more directories and subdirectories.
#shopt -s globstar

# make less more friendly for non-text input files, see lesspipe(1)
[ -x /usr/bin/lesspipe ] && eval "$(SHELL=/bin/sh lesspipe)"

# set variable identifying the chroot you work in (used in the prompt below)
if [ -z "${debian_chroot:-}" ] && [ -r /etc/debian_chroot ]; then
    debian_chroot=$(cat /etc/debian_chroot)
fi

# set a fancy prompt (non-color, unless we know we "want" color)
case "$TERM" in
    xterm-color|*-256color) color_prompt=yes;;
esac

# uncomment for a colored prompt, if the terminal has the capability; turned
# off by default to not distract the user: the focus in a terminal window
# should be on the output of commands, not on the prompt
#force_color_prompt=yes

if [ -n "$force_color_prompt" ]; then
    if [ -x /usr/bin/tput ] && tput setaf 1 >&/dev/null; then
```

图 2-12　执行 sudo 命令出现的文档

（2）在文档最后添加下面两行。

```
source ~/simulation_catkin_ws/rbx1/devel/setup.bash
export   ROS_PACKAGE_PATH=${ROS_PACKAGE_PATH}:~/simulation_catkin_ws/rbx1/
```

添加代码结果图如图 2-13 所示。

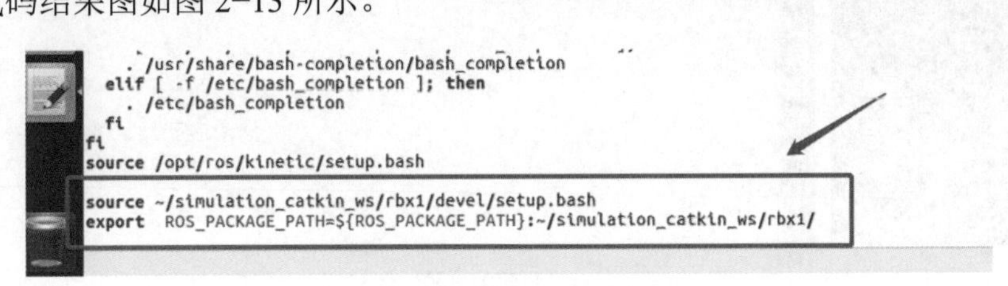

```
    . /usr/share/bash-completion/bash_completion
  elif [ -f /etc/bash_completion ]; then
    . /etc/bash_completion
  fi
fi
source /opt/ros/kinetic/setup.bash

source ~/simulation_catkin_ws/rbx1/devel/setup.bash
export  ROS_PACKAGE_PATH=${ROS_PACKAGE_PATH}:~/simulation_catkin_ws/rbx1/
```

图 2-13　添加代码结果图

（3）单击右上角“Save”按钮保存，然后关闭文档。

（4）在终端 1 依次执行下面两条命令。

```
source ~/.bashrc              #执行文件
echo $ROS_PACKAGE_PATH        #显示路径
```

若出现图 2-14 中红框部分所示内容，则表明路径已添加好，关闭当前终端 1。

```
bjtu123@ubuntu: ~
(gedit:3457): IBUS-WARNING **: The owner of /home/bjtu123/.config/ibus/bus is no
t root!

(gedit:3457): IBUS-WARNING **: Unable to connect to ibus: Unexpected lack of con
tent trying to read a line

(gedit:3457): Gtk-WARNING **: Calling Inhibit failed: GDBus.Error:org.freedeskto
p.DBus.Error.ServiceUnknown: The name org.gnome.SessionManager was not provided
by any .service files

** (gedit:3457): WARNING **: Set document metadata failed: Setting attribute met
adata::gedit-spell-enabled not supported

** (gedit:3457): WARNING **: Set document metadata failed: Setting attribute met
adata::gedit-encoding not supported

** (gedit:3457): WARNING **: Set document metadata failed: Setting attribute met
adata::gedit-position not supported
bjtu123@ubuntu:~$ source ~/.bashrc
bjtu123@ubuntu:~$ echo $ROS_PACKAGE_PATH
/home/bjtu123/simulation_catkin_ws/rbx1/src:/opt/ros/kinetic/share:/home/bjtu123
/simulation_catkin_ws/rbx1/
bjtu123@ubuntu:~$
```

图 2-14　路径添加成功

2）实验

（1）在桌面的左侧栏单击第 2 个按钮（Files）→单击“Home”→单击“simulation_catkin_ws”→单击“rbx1”→在当前目录（Home/simulation_catkin_ws/rbx1）下右击“Open In Terminal”打开终端（记为终端 1 ），依次执行以下两条命令。

```
catkin_make
roslaunch rbx1_bringup fake_pi_robot.launch    #启动仿真机器人
```

启动仿真机器人如图 2-15 所示。

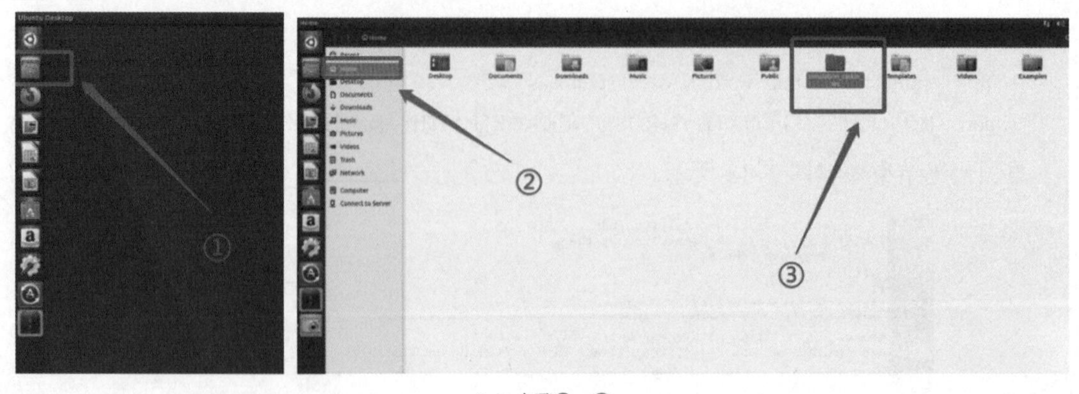

（a）步骤①～③

图 2-15　启动仿真机器人

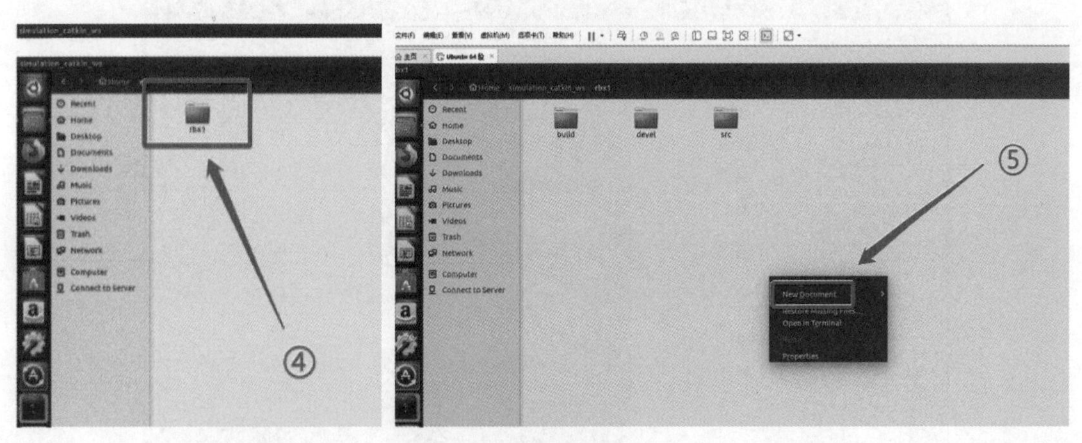

（b）步骤④、⑤

图 2-15　启动仿真机器人（续）

仿真机器人启动成功如图 2-16 所示。

```
NODES
  /
    arbotix (arbotix_python/arbotix_driver)
    base_footprint_broadcaster (tf/static_transform_publisher)
    move_fake_pi_arm_start (rbx1_bringup/move_fake_pi_arm_start.py)
    robot_state_publisher (robot_state_publisher/state_publisher)

auto-starting new master
process[master]: started with pid [3893]
ROS_MASTER_URI=http://localhost:11311

setting /run_id to 43ff29d4-3419-11ed-8226-000c292cc18f
process[rosout-1]: started with pid [3906]
started core service [/rosout]
process[arbotix-2]: started with pid [3924]
process[move_fake_pi_arm_start-3]: started with pid [3925]
process[robot_state_publisher-4]: started with pid [3926]
process[base_footprint_broadcaster-5]: started with pid [3927]
[INFO] [1663151867.966409]: ArbotiX being simulated.
[INFO] [1663151868.123203]: Started DiffController (base_controller). Geometry: 0.26m wide, 4100.0 ticks/m.
[move_fake_pi_arm_start-3] process has finished cleanly
log file: /home/bjtu123/.ros/log/43ff29d4-3419-11ed-8226-000c292cc18f/move_fake_pi_arm_start-3*.log
```

图 2-16　仿真机器人启动成功

（2）在当前终端 1 下右击“Open Terminal”，开启一个新的终端（记为终端 2），执行以下命令。

```
rosrun rviz rviz -d 'rospack find rbx1_nav'/sim.rviz      #启动 RViz 软件
```

执行 rosrun 命令后界面如图 2-17 所示。

```
bjtu123@ubuntu: ~/simulation_catkin_ws/rbx1
bjtu123@ubuntu:~/simulation_catkin_ws/rbx1$ rosrun rviz rviz -d `rospack find rb
x1_nav`/sim.rviz
```

图 2-17　执行 rosrun 命令后界面（三）

启动 RViz 软件（启动 RViz 软件示意图如图 2-18 所示）。

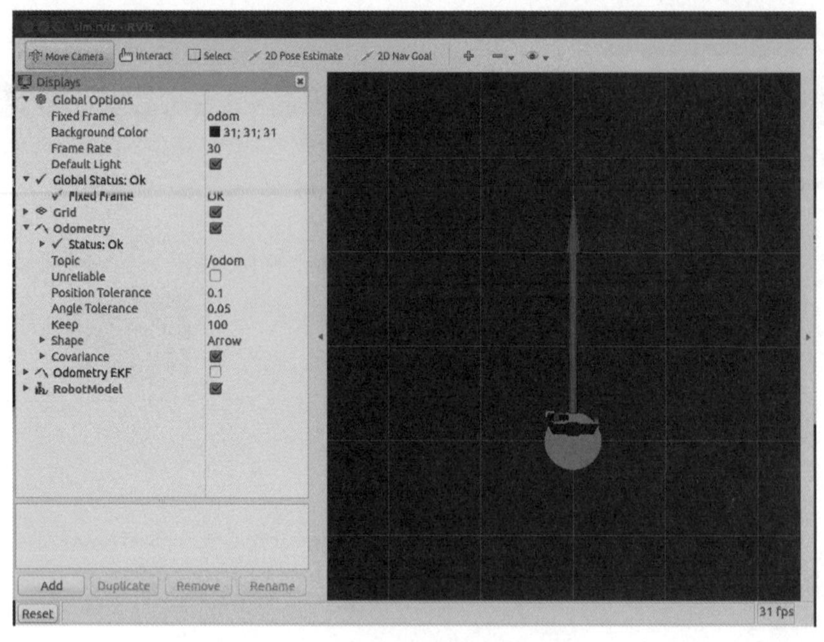

图 2-18　启动 RViz 软件示意图

（3）关闭终端 2，同时可以看到图 2-18 所示的仿真机器人，接下来导入程序让其做圆周运动。在终端 1 中右击“Open Terminal”，打开一个新的终端（记为终端 3），执行以下命令。

```
rostopic pub -r 10 /cmd_vel geometry_msgs/Twist '{linear:{x:0.2,y:0,z:0},angular:{x:0,y:0,z:0.5}}'
```

可以看到机器人开始做圆周运动，机器人做圆周运动示意图如图 2-19 所示。

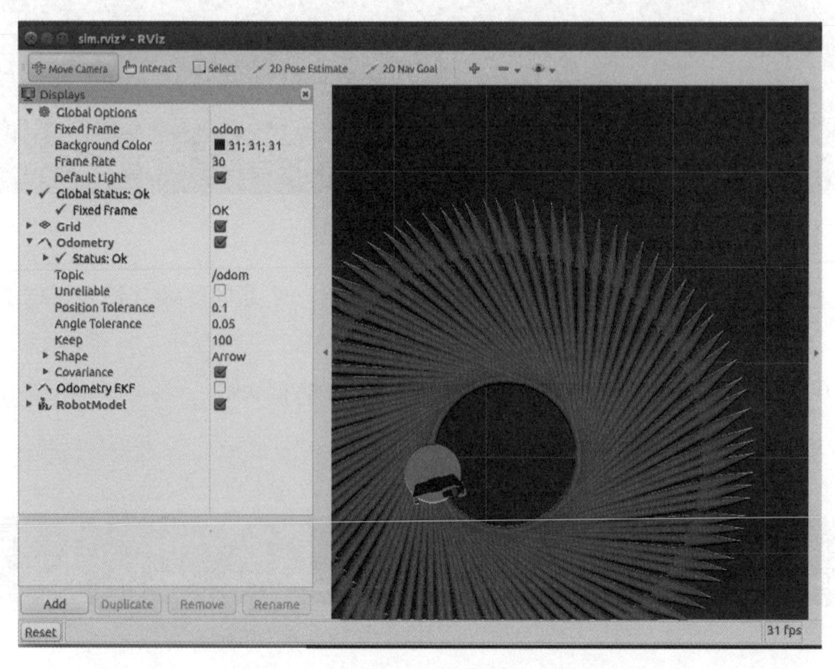

图 2-19　机器人做圆周运动示意图

（4）感兴趣的学生，可根据终端界面上路径的提示，查找源代码，了解程序设计思路和程序架构。

（5）关闭所有终端和 RViz 界面，关闭 RViz 界面时选择“Close without Saving”，关闭所有终端和 RViz 界面如图 2-20 所示。

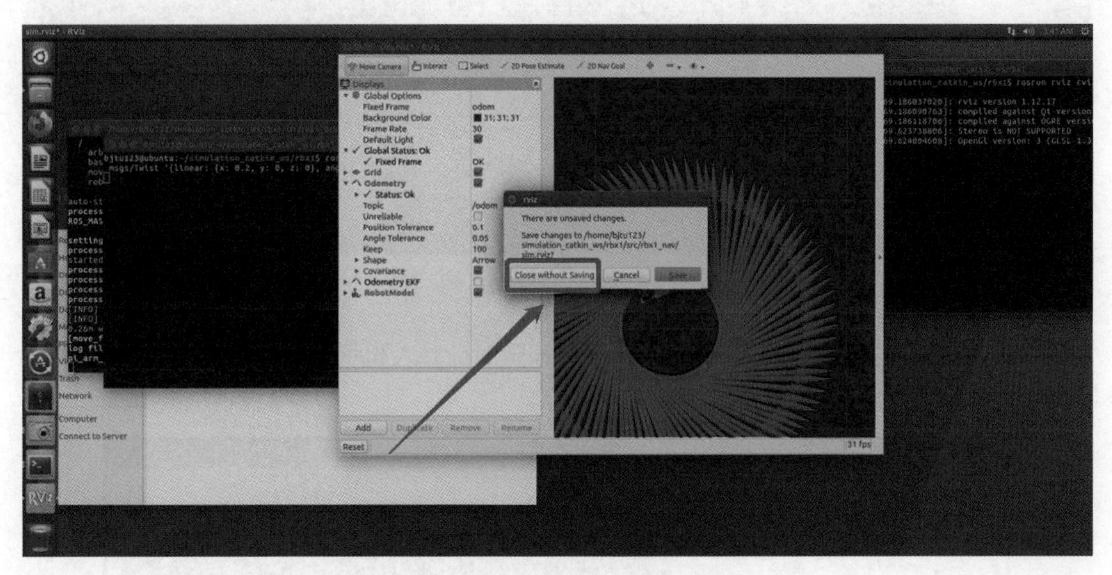

图 2-20　关闭所有终端和 RViz 界面（一）

4. 绕过障碍物实验

（1）完成圆周运动实验后，回到 Home/simulation_catkin_ws/rbx1 目录下，右击“Open Terminal”，打开终端（记为终端 1），在终端 1 执行以下命令。

```
roscore        #启动 ROS 系统
```

（2）在终端 1 下右击“Open Terminal”，开启一个新的终端（记为终端 2），在终端 2 执行以下命令。

```
roslaunch rbx1_bringup fake_turtlebot.launch    #加载一个仿真机器人
```

（3）在终端 2 下右击“Open Terminal”，开启一个新的终端（记为终端 3），在终端 3 执行以下命令。

```
roslaunch rbx1_nav fake_move_base_map_with_obstacles.launch    #加载一个带障碍物的地图
```

（4）在终端 3 下右击“Open Terminal”，开启一个新的终端（记为终端 4），在终端 4 执行以下命令。

```
rosrun rviz rviz -d 'rospack find rbx1_nav'/nav_obstacles.rviz
```

执行命令的 4 个终端界面如图 2-21 所示。

图 2-21　4 个终端界面（一）

终端 4 执行后会打开 RViz，可以看到之前加载的机器人和带障碍物的地图。机器人和带障碍物的地图如图 2-22 所示。

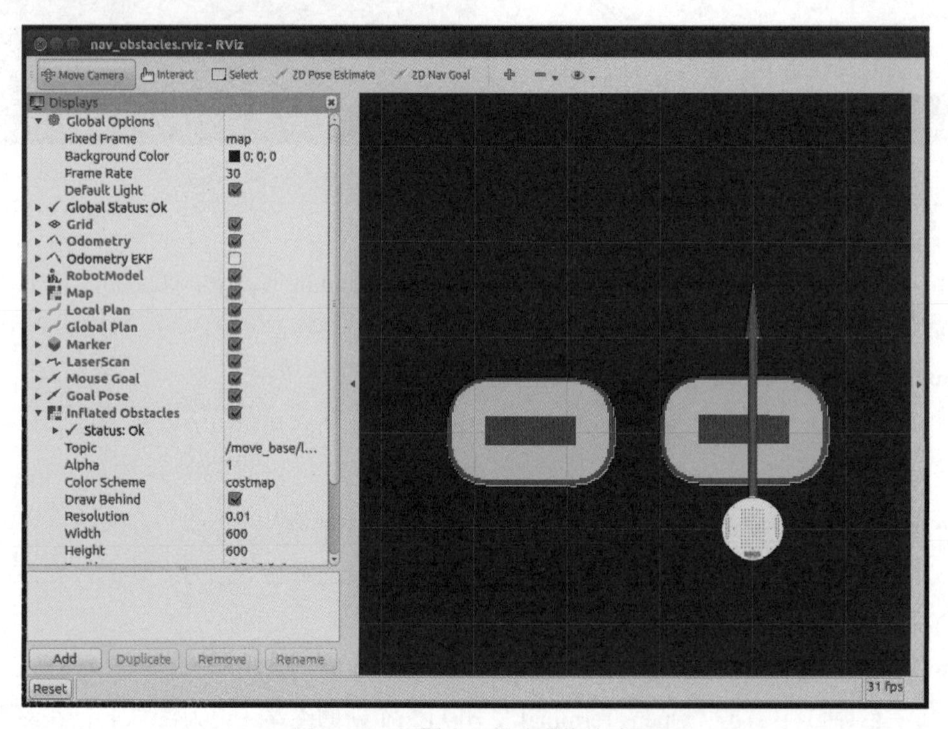

图 2-22　机器人和带障碍物的地图

（5）在终端 4 下右击“Open Terminal”，开启一个新的终端（记为终端 5），在终端 5 执行以下命令。

```
rosrun rbx1_nav move_base_square.py
```

可以看到机器人绕开障碍物走了一个正方形的路线，并且每到达一个角，终端 5 显示一次“Goal succeeded !”，机器人绕过障碍物示意图如图 2-23 所示。

图 2-23　机器人绕过障碍物示意图

（6）关闭所有终端和 RViz 界面，关闭 RViz 界面时选择“Close without Saving”，如图 2-24 所示。

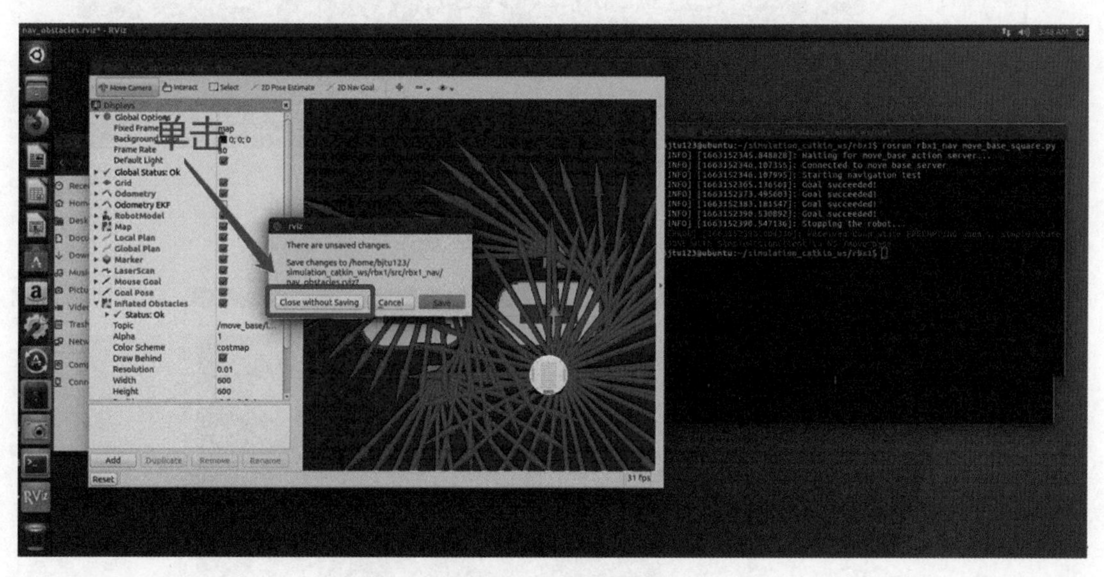

图 2-24　关闭所有终端和 RViz 界面（二）

5. 复杂环境巡径实验

（1）完成绕过障碍物实验后，回到 Home/simulation_catkin_ws/rbx1 目录下，右击“Open Terminal”，打开终端（记为终端 1）→在终端 1 执行以下命令。

```
roscore
```

（2）在终端 1 下右击“Open Terminal”，开启一个新的终端（记为终端 2），在终端 2 执行以下命令。

```
roslaunch rbx1_bringup fake_turtlebot.launch    #加载一个仿真机器人
```

（3）在终端 2 下右击“Open Terminal”，开启一个新的终端（记为终端 3），在终端 3 执行以下命令。

```
roslaunch rbx1_nav fake_amcl.launch    #加载一个复杂环境地图
```

（4）在终端 3 下右击“Open Terminal”，开启一个新的终端（记为终端 4），在终端 4 执行以下命令。

```
rosrun rviz rviz -d 'rospack find rbx1_nav'/amcl.rviz    #打开 RViz
```

执行命令的 4 个终端界面如图 2–25 所示。

图 2–25　4 个终端界面（二）

此时会弹出 RViz 界面，复杂地图示意图如图 2–26 所示。

图 2–26　复杂地图示意图

（5）在终端 4 下右击“Open Terminal”，开启一个新的终端（记为终端 5），在终端 5 执行以下命令：

```
roslaunch rbx1_nav fake_amcl.launch map:=test_map.yaml    #启动保存在 fake_amcl.launch 文件下面的地图
```

（6）在 RViz 界面中单击上方“2D Nav Goal”，随后在虚拟地图中随便单击一个位置来设立终点，即可看到仿真机器人定位、寻迹、导航的过程，如图 2-27、图 2-28 所示（2D Pose Estimate 可以重新设置仿真机器人的起点）。

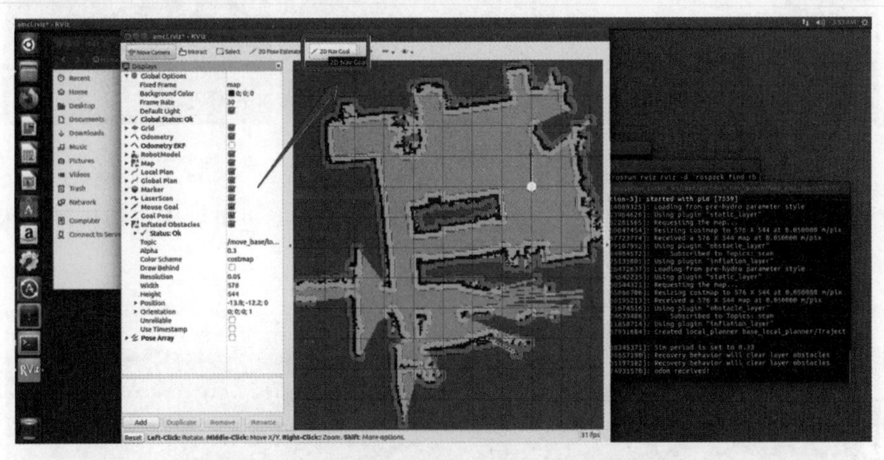

图 2-27　单击“2D Nav Goal”示意图

图 2-28　仿真机器人定位、寻迹、导航过程示意图

（7）关闭所有终端和 RViz 界面，关闭 RViz 界面时选择“Close without Saving”按钮，如图 2-29 所示。

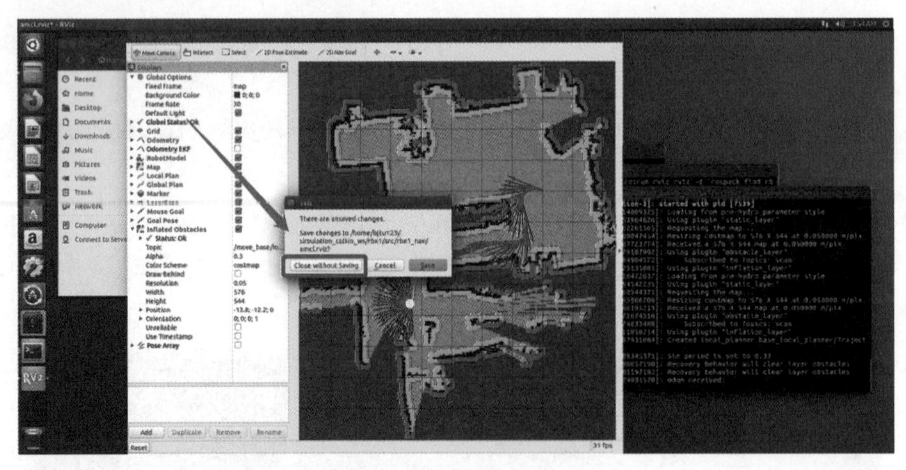

图 2-29　关闭所有终端和 RViz 界面（三）

（8）本次实验结束。读者可以自行探索 ROS 的更多用法，也可关闭虚拟机结束本次实验。可单击图 2-30 中的①或②位置关闭虚拟机。

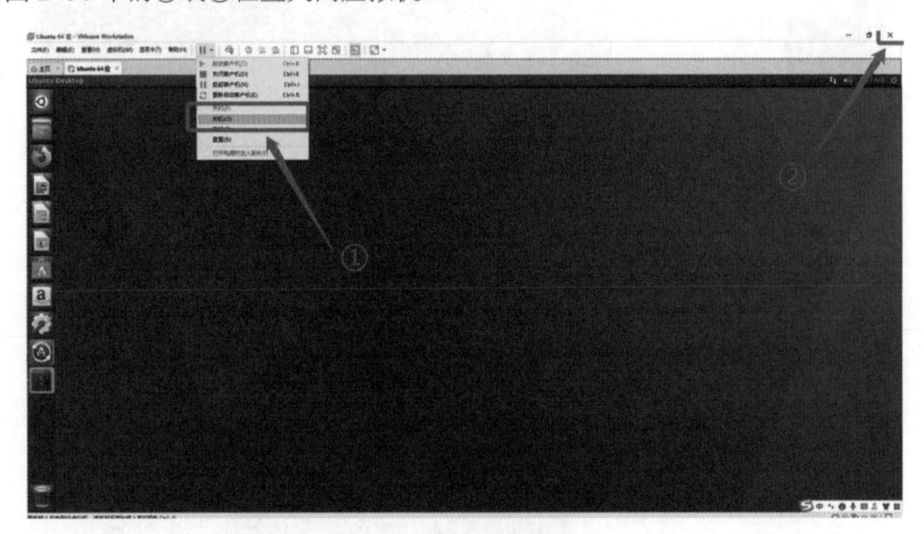

图 2-30　关闭虚拟机

实验作业

1. 提交实验总结，记录实验过程中出现的问题并提出解决方法。
2. 思考 ROS 在无人驾驶系统开发中的作用。

参考网站

Ubuntu：https://ubuntu.com/

VMware：https://www.vmware.com/

ROS：https://www.ros.org/

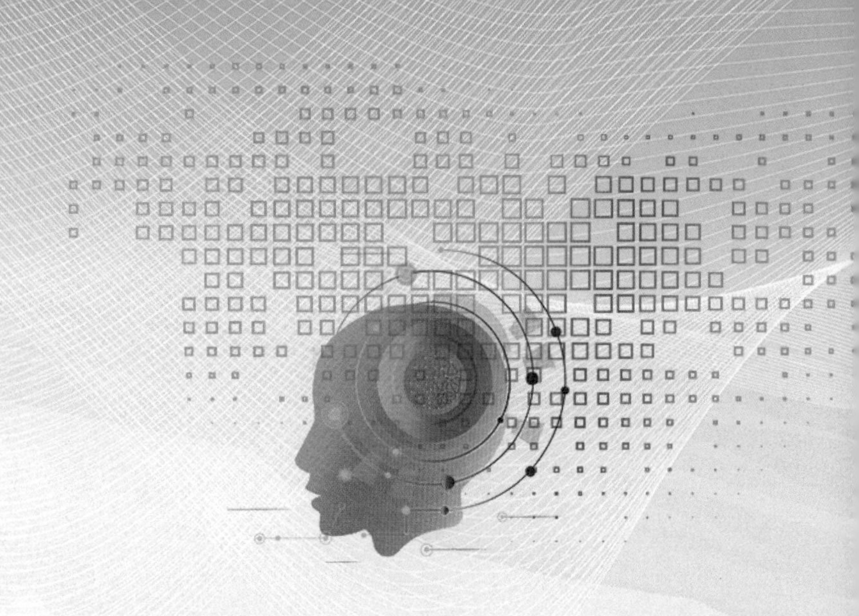

模块二　基础实验

实验3

挑战代码——无人驾驶的车速预测

实验目的

1. 掌握在PyCharm软件下使用Python进行程序设计的方法；
2. 了解卡尔曼滤波算法的工作原理；
3. 理解卡尔曼滤波在无人驾驶中的应用。

实验内容

1. 学习卡尔曼滤波并理解其工作原理；
2. 阅读并理解卡尔曼滤波预测车速的Python源代码；
3. 学习并使用控制变量法，分析、比较不同参数对结果的影响。

1. 车速预测

车辆行驶速度能够反映驾驶员行为、道路环境、道路设施对实际行车的影响。车速预测是指对汽车未来一段时间的车速进行估计推理，其在无人驾驶等领域有着广阔的应用。

汽车上有大量的传感设备，可以实时地对汽车的速度、位置、角速度和加速度等数据进行测量，但由于测量设备精度有限、道路情况复杂等原因，各类数据的测量值和理论值间通常都存在误差。例如，当路况不好车辆发生较大颠簸时，可能会造成测量结果的突变，这对无人驾驶车辆的决策来说是不可接受的。因此需要在传感器测量结果的基础上，进行跟踪，以此来保证位置、速度等信息的准确。

为了保证无人驾驶车辆能够安全、高效地行驶在公路上，并像驾驶员一样可以及时进行变道、保持车距、避免超速等操作，对车速预测准确度提出了很高的要求。车速预测算法可以把未来一段时间的车速传递给决策模块，从而为车辆得出最优决策提供基础。车辆安全辅助驾驶、智能车辆行为分析决策需要对车辆行驶数据进行分析来制定相应的策略，数据获取越及时、越精确，才会得到更优的决策。

车速预测的方法随着算法的发展逐渐丰富，常见的有线性回归、卡尔曼滤波、神经网络等。在硬件算力受限的嵌入式平台上，采用复杂的算法较难实现无人驾驶对于实时性的要求，

所以需要卡尔曼滤波这样简单有效的算法来进行计算，其可以很好地保证实时性与精度。本实验将利用卡尔曼滤波对车速进行预测，得出可视化结果。

2. 卡尔曼滤波

卡尔曼滤波（Kalman filter）源于著名数学家鲁道夫·卡尔曼的博士论文及1960年发表的论文“A New Approach to Linear Filtering and Prediction Problems”。卡尔曼滤波是一种利用线性系统状态方程，通过系统输入输出的观测数据，对系统状态进行最优估计的算法。在控制、数据融合、深度学习，以及军事和航空等领域，卡尔曼滤波都有着广泛的应用。

简单来说，卡尔曼滤波就是根据上一时刻的状态，预测当前时刻的状态，将预测的状态值与当前时刻的测量值进行加权，加权后的结果（预测修正值），被认为是当前的实际状态。卡尔曼滤波需要的数据是上一个时刻的状态预测值和当前时刻的测量值，得出当前时刻的预测值，是一种向前的递推，且计算量和存储量要求都很少，可以进行实时处理，非常易于工程实现。

在图3-1中，蓝色曲线为根据上一个时刻预测的当前时刻的状态，红色曲线为当前时刻的测量值，黄色曲线为两者加权后的结果（预测修正值），即当前时刻的最优估计值。曲线是高斯分布曲线，方差越大，波形分布越广。很显然，蓝色曲线和红色曲线的方差较大，将这两个曲线进行加权计算后，两个高斯分布进行乘法运算，得到的新的高斯分布的方差比两个都小，最终得到了一个相对确定的分布，这是卡尔曼滤波一直被推崇的原因。

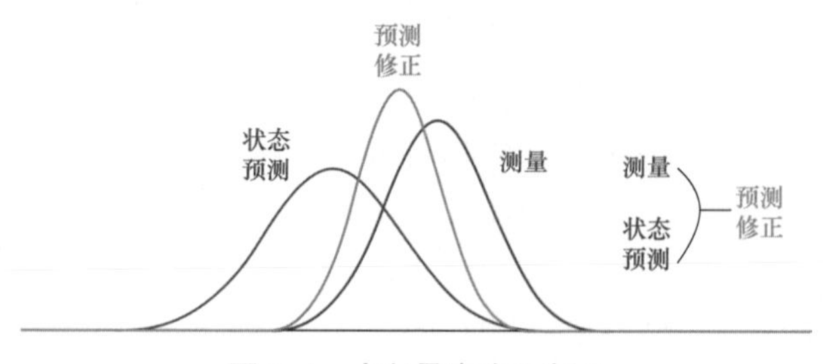

图3-1　卡尔曼滤波示意图

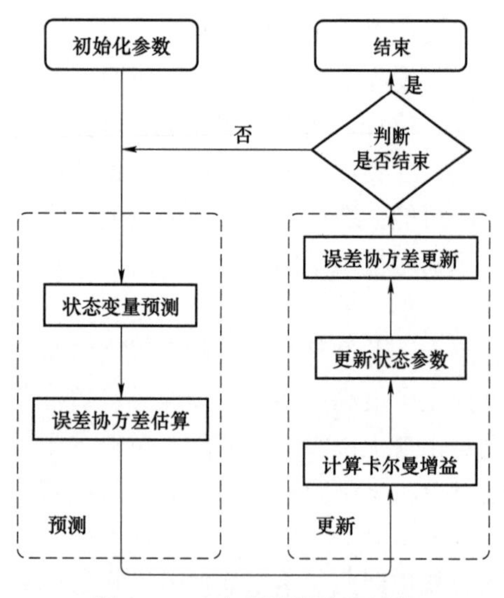

图3-2　卡尔曼滤波执行过程

卡尔曼滤波执行过程如图3-2所示。从图中我们可以看到，卡尔曼滤波分为预测和更新两大部分，预测部分是使用上一时刻的最优估计值，做出当前时刻的预测值；更新部分，是利用当前时刻的测量值，优化在预测阶段的预测值，以获得一个更精确的新预测值（预测修正值），两个模块循环迭代，这就是卡尔曼滤波的工作原理。其具体执行步骤如下。

（1）根据 k–1 时刻最优估计值 $\boldsymbol{x}$，计算 k 时刻预测值 $\boldsymbol{x}'$；

（2）根据 k–1 时刻最优估计值的误差 $\boldsymbol{P}$，来计算 k 时刻预测值的误差 $\boldsymbol{P}'$；

（3）根据 k 时刻预测值的误差 $\boldsymbol{P}'$ 和 k 时刻测量值的误差 $\boldsymbol{R}$，来计算 k 时刻卡尔曼增益 $\boldsymbol{K}$；

（4）根据 k 时刻预测值 $\boldsymbol{x}'$、k 时刻测量值 $\boldsymbol{z}$，

和 k 时刻卡尔曼增益 $\boldsymbol{K}$，来计算 k 时刻最优估计值 $\boldsymbol{x}_k$；

（5）根据 k 时刻预测值的误差 $\boldsymbol{P}'$ 和 k 时刻卡尔曼增益 $\boldsymbol{K}$ 来计算 k 时刻最优估计值 $\boldsymbol{x}_k$ 的误差 $\boldsymbol{P}_k$。

下面 7 个公式就是卡尔曼滤波的理性描述，使用这 7 个公式，就能实现一个完整的卡尔曼滤波。

预测部分计算公式如下：

$$\boldsymbol{x}' = \boldsymbol{F}\boldsymbol{x} + \boldsymbol{u} \tag{3-1}$$

$$\boldsymbol{P}' = \boldsymbol{F}\boldsymbol{P}\boldsymbol{F}^{\mathrm{T}} + \boldsymbol{Q} \tag{3-2}$$

更新部分计算公式如下：

$$\boldsymbol{y} = \boldsymbol{z} - \boldsymbol{H}\boldsymbol{x}' \tag{3-3}$$

$$\boldsymbol{S} = \boldsymbol{H}\boldsymbol{P}'\boldsymbol{H}^{\mathrm{T}} + \boldsymbol{R} \tag{3-4}$$

$$\boldsymbol{K} = \boldsymbol{P}'\boldsymbol{H}^{\mathrm{T}}\boldsymbol{S}^{-1} \tag{3-5}$$

$$\boldsymbol{x}_k = \boldsymbol{x}' + \boldsymbol{K}\boldsymbol{y} \tag{3-6}$$

$$\boldsymbol{P}_k = \left(\boldsymbol{I} - \boldsymbol{K}\boldsymbol{H}\right)\boldsymbol{P}' \tag{3-7}$$

注： $\boldsymbol{x}$ 为 k−1 时刻最优估计值，$\boldsymbol{x}'$ 为 k 时刻预测值，$\boldsymbol{P}$ 为 k−1 时刻最优估计值的误差，$\boldsymbol{P}'$ 为 k 时刻预测值的误差，$\boldsymbol{z}$ 为 k 时刻测量值，$\boldsymbol{R}$ 为 k 时刻测量值的误差，$\boldsymbol{K}$ 为 k 时刻卡尔曼增益，$\boldsymbol{x}_k$ 为 k 时刻最优估计值，$\boldsymbol{P}_k$ 为 k 时刻最优估计值 $\boldsymbol{x}_k$ 的误差。$\boldsymbol{F}$ 为状态转移矩阵，表示从上一时刻状态推测现在的状态，$\boldsymbol{u}$ 表示外部影响。$\boldsymbol{Q}$ 为过程噪声，表示预测模型本身带来的不确定性干扰，$\boldsymbol{H}$ 表示测量矩阵，$\boldsymbol{I}$ 是单位矩阵。

以上 7 个公式中涉及大量的矩阵转置和求逆运算。因此，学生除了具备阅读理解代码的能力外，还需要运用线性代数推导公式的能力。

实验文件

卡尔曼滤波预测车速实验所用的文件见表 3−1，代码路径：D:\experiment\3。

表 3−1 卡尔曼滤波预测车速实验所用的文件

文件名称	主要功能	文件大小
main.py	主程序	10 KB

实验步骤

1. 实验环境

打开桌面上的 PyCharm Community，单击左上角 File→Open→D:\experiment\3 下的 main.py 文件→单击 OK→单击 PyCharm 最下方栏目中的 Terminal 进入终端，接下来开始下载安装包（若已安装，则不需要执行相关操作）。因涉及大量矩阵运算，需要安装开源的数值计算扩展 numpy 库。另外，程序运行过程中要绘制图形进行分析比较，需要安装绘图库

matplotlib。

单击 PyCharm 最下方栏目中的 Terminal 进入终端，下载需要的安装包。输入：pip install numpy→等待片刻显示“Successfully installed numpy ...”；输入：pip install matplotlib→等待片刻显示“Successfully installed cycler ... matplotlib ...”。

注：若出现“WARNING：You are using pip version 21.1.3；however，version 22.2.2 is available. You should consider upgrading via the...”的黄颜色字段，这是 PyCharm 提示让我们更新 pip，可暂不处理。

2. 程序运行

我们根据卡尔曼滤波原理，编写程序。以跟踪连续的激光雷达点测量的匀加速运动物体为例，程序主要部分有：数据生成模块、矩阵定义模块、卡尔曼滤波模块、可视化模块。

在数据生成模块中，生成汽车行驶的理论状态：初始位置为 0，初始速度为 5 m/s，加速度为 4 m/s^2，其中前 10 s 为匀加速运动，后 10 s 为匀速运动，抽样时间间隔为 0.1 s。生成激光雷达测量的数据，考虑误差，同时误差呈现高斯分布（正态分布）。

在矩阵定义模块中，定义一些程序运行时所需要的矩阵及其相关操作。

在卡尔曼滤波模块中，通过预测—更新—再预测—再更新进行循环迭代，其代码逻辑与预备知识中的数学公式部分对应。

在可视化模块中，把理论距离、激光雷达测量的距离，以及卡尔曼滤波的结果（距离）可视化。

单击运行按钮，得到初始运行结果如图 3-3 所示。

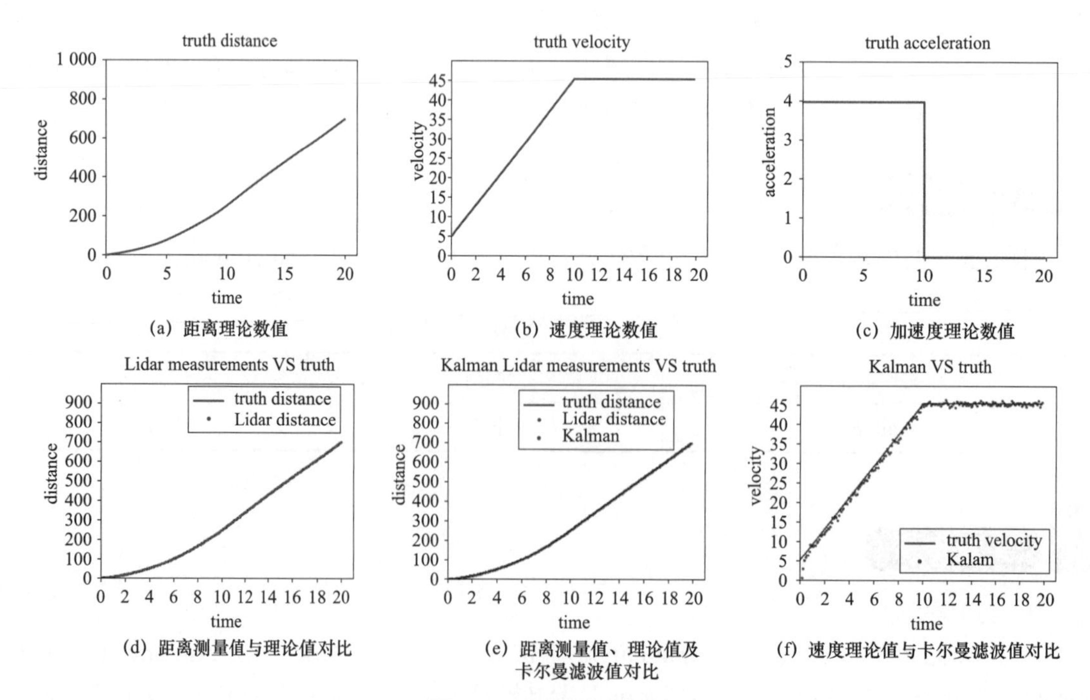

(a) 距离理论数值

(b) 速度理论数值

(c) 加速度理论数值

(d) 距离测量值与理论值对比

(e) 距离测量值、理论值及卡尔曼滤波值对比

(f) 速度理论值与卡尔曼滤波值对比

图 3-3　初始运行结果

3. 调参及分析

通过修改激光雷达标准差（standard deviation），观察到激光雷达测量的距离值离散效果发生改变。如图 3-4（a）所示，该参数值为 0.15 时，离散不明显；在我们修改为 10 后，结果如图 3-5（a）所示，激光雷达测量的距离值离散结果明显。

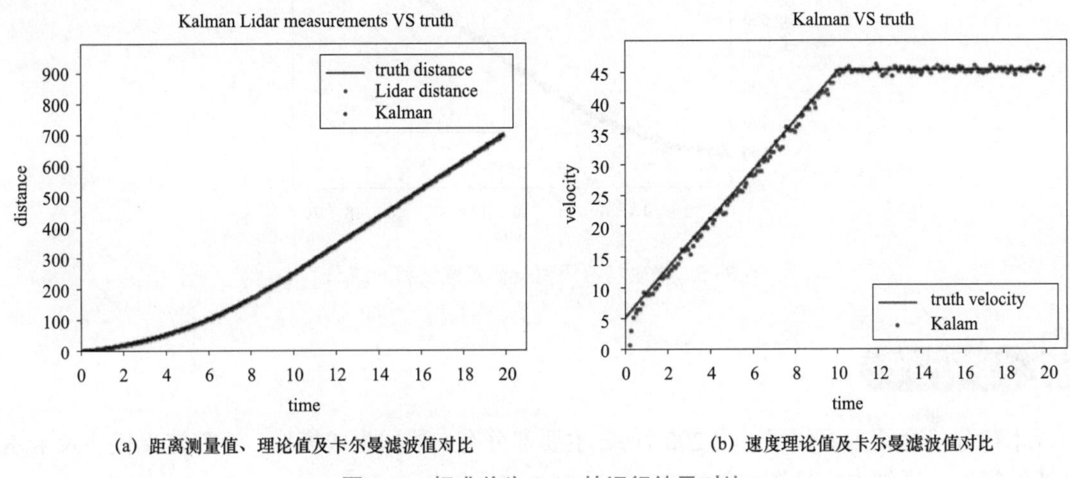

(a) 距离测量值、理论值及卡尔曼滤波值对比　(b) 速度理论值及卡尔曼滤波值对比

图 3-4　标准差为 0.15 的运行结果对比

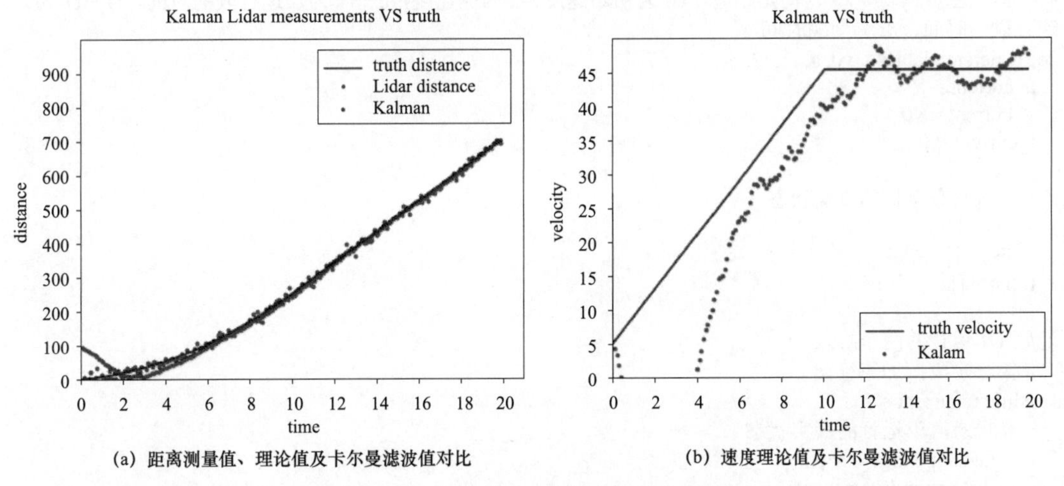

(a) 距离测量值、理论值及卡尔曼滤波值对比　(b) 速度理论值及卡尔曼滤波值对比

图 3-5　标准差为 10 的运行结果对比

标准差越大，测量数据越不准确，并且会影响卡尔曼滤波的精度。比较图 3-4（b）与图 3-5（b）可以看出，当标准差是 0.15 时，卡尔曼滤波的数据点分布在理论数据周围；而当标准差增加到 10 时，误差较大。

初始距离（initial distance）和初始速度（initial velocity）同样会影响卡尔曼滤波的精度，对比实验如下：在保持标准差为 10 不变的情况下，把初始距离设置为 100，初始速度设置为 5，其结果如图 3-6 所示，我们可以发现卡尔曼滤波的结果与图 3-5（a）对比，更加接近理论数据了。同学们可改变这两个值，观察并对比结果。

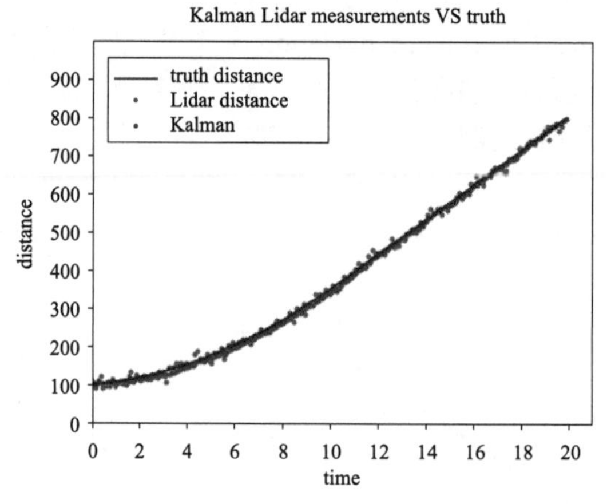

图 3-6　修改初始距离与初始速度后的结果

理解代码

本部分仅介绍主要代码（约 200 行），主要部分有：数据生成模块、矩阵定义模块及卡尔曼滤波模块，详细内容见源文件。

```
# 1. 数据生成模块，x0 为初始距离，v0 为初始速度，a 为加速度，0—t1 为加速行驶的时间，t1—t2 为匀
速行驶的时间，dt 为间隔时间
def generate_data(x0, v0, a, t1, t2, dt):
    a_current = a
    v_current = v0
    t_current = 0

    # 记录汽车运行的真实状态
    a_list = []
    v_list = []
    t_list = []

    # 汽车运行的两个阶段
    # 第一阶段：加速行驶
    while t_current <= t1:
        # 记录汽车运行的真实状态
        a_list.append(a_current)
        v_list.append(v_current)
        t_list.append(t_current)
        # 汽车行驶的运动模型(v=v+at)
        v_current += a * dt
        t_current += dt

    # 第二阶段：匀速行驶
    a_current = 0
    while t2 > t_current >= t1:
        # 记录汽车运行的真实状态
        a_list.append(a_current)
        v_list.append(v_current)
        t_list.append(t_current)
```

```
        # 汽车行驶的运动模型
        t_current += dt

    # 计算汽车行驶的真实距离(x=x0+vt+at²/2)
    x = x0
    x_list = [x0]
    for i in range(len(t_list) - 1):
        tdelta = t_list[i+1] - t_list[i]
        x = x + v_list[i] * tdelta + 0.5 * a_list[i] * tdelta**2
        x_list.append(x)
    return t_list, x_list, v_list, a_list

# 生成雷达测量的数据。需要考虑误差，误差呈现高斯分布
def generate_lidar(x_list, standard_deviation):
    return x_list + np.random.normal(0, standard_deviation, len(x_list))

# 获取汽车行驶的真实状态，初始位置为 0，初始速度为 5m/s，加速度为 4m/s²，其中前 10s 为匀加速运动，
# 后 10s 为匀速运动，抽样时间间隔为 0.1s。可通过更改数据来观察对结果的影响
t_list, x_list, v_list, a_list = generate_data(0, 5, 4, 10, 20, 0.1)

# 创建激光雷达的测量数据（仅对距离添加了误差）
# 测量误差的标准差。为了方便观测，可以增加该值
standard_deviation = 10
# 雷达测量得到的距离
lidar_x_list = generate_lidar(x_list, standard_deviation)
# 雷达测量的时间
lidar_t_list = t_list

# 2. 矩阵定义模块
# 本模块定义一些程序运行时所需要的矩阵及其相关操作
# 卡尔曼滤波需要调用的矩阵类
class Matrix(object):
    # 构造矩阵
    def __init__(self, grid):
        self.g = np.array(grid)
        self.h = len(grid)
        self.w = len(grid[0])

    # 单位矩阵，指主对角线均为 1 的方阵
    @staticmethod
    def identity( n):
        return Matrix(np.eye(n))

    # 矩阵的迹，一个 n×n 矩阵主对角线上各个元素的总和称为矩阵的迹
    def trace(self):
        if not self.is_square():
            raise(ValueError, " Cannot calculate the trace of a non-square matrix. ")
        else:
            return self.g.trace()
    # 逆矩阵，只有方阵才有逆矩阵
    def inverse(self):
        if not self.is_square():
            raise(ValueError, " Non-square Matrix does not have an inverse. ")
        if self.h > 2:
```

```
            raise(NotImplementedError, " inversion not implemented for matrices larger than 2x2. " )
        if self.h == 1:
            m = Matrix([[1/self[0][0]]])
            return m
        if self.h == 2:
            try:
                m = Matrix(np.matrix(self.g).I)
                return m
            except np.linalg.linalg.LinAlgError as e:
                print( " Determinant shouldn't be zero. " , e)
    # 转置矩阵
    def T(self):
        T = self.g.T
        return Matrix(T)
    # 判断矩阵是否为方阵
    def is_square(self):
        return self.h == self.w

    # 通过[]访问
    def __getitem__(self,idx):
        return self.g[idx]

    # 打印矩阵的元素
    def __repr__(self):
        s = " "
        for row in self.g:
            s += " ".join([ " {} " .format(x) for x in row])
            s += " \n "
        return s

    # 加法
    def __add__(self,other):
        if self.h != other.h or self.w != other.w:
            raise(ValueError, " Matrices can only be added if the dimensions are the same " )
        else:
            return Matrix(self.g + other.g)

    # 相反数
    def __neg__(self):
        return Matrix(-self.g)

    #减法
    def __sub__(self, other):
        if self.h != other.h or self.w != other.w:
            raise(ValueError, " Matrices can only be subtracted if the dimensions are the same " )
        else:
            return Matrix(self.g - other.g)

    # 矩阵乘法：两个矩阵相乘
    def __mul__(self, other):
        if self.w != other.h:
            raise(ValueError,                                                            "
number of columns of the pre-matrix must equal the number of rows of the post-matrix " )
        return Matrix(np.dot(self.g, other.g))

    # 标量乘法：变量乘以矩阵
```

```
    def __rmul__(self, other):
        if isinstance(other, numbers.Number):
            return Matrix(other * self.g)

# 状态矩阵的初始值
x_initial = Matrix([[initial_distance], [initial_velocity]])

# 误差协方差矩阵的初始值
P_initial = Matrix([[5, 0], [0, 5]])

# 加速度方差
acceleration_variance = 50

# 雷达测量结果方差
lidar_variance = standard_deviation**2

# 测量矩阵，联系预测向量和测量向量
H = Matrix([[1, 0]])

# 测量噪声协方差矩阵。因为测量值只有位置一个变量，所以这里是位置的方差
R = Matrix([[lidar_variance]])

# 单位矩阵

I = Matrix([[1, 0]])
I=I.identity(2)
print(I)

# 状态转移矩阵
def F_matrix(delta_t):
    return Matrix([[1, delta_t], [0, 1]])

# 外部噪声协方差矩阵，即预测模型本身的不确定性干扰
def Q_matrix(delta_t, variance):
    t4 = math.pow(delta_t, 4)
    t3 = math.pow(delta_t, 3)
    t2 = math.pow(delta_t, 2)
    return variance * Matrix([[(1/4)*t4, (1/2)*t3], [(1/2)*t3, t2]])

# 控制矩阵
def B_matrix(delta_t):
    return Matrix([[delta_t**2 / 2], [delta_t]])

# 3. 核心模块-卡尔曼滤波
# 通过预测→更新→再预测→再更新进行循环迭代，其代码逻辑与预备知识中的数学公式部分一一对应
for i in range(len(lidar_x_list) - 1):
    delta_t = (lidar_t_list[i + 1] - lidar_t_list[i])
    # 预测，对应公式(1)和(2)
    F = F_matrix(delta_t)
    Q = Q_matrix(delta_t, acceleration_variance)

    # 注意：运动模型使用的是匀速运动，汽车实际上有一段时间是加速运动的
    x_prime = F * x
    P_prime = F * P * F.T() + Q

    # 更新，对应公式（3）~（7）
```

```
    # 测量向量和状态向量的差值。注意：第一个时刻是没有测量值的
    # 只有经过一个脉冲周期，才能获得测量值
    y = Matrix([[lidar_x_list[i + 1]]]) - H * x_prime
    S = H * P_prime * H.T() + R
    K = P_prime * H.T() * S.inverse()
    x = x_prime + K * y
    P = (I - K * H) * P_prime
    x_result.append(x[0][0])
    v_result.append(x[1][0])
    time_result.append(lidar_t_list[i+1])

# 4. 可视化模块
# 把理论距离、激光雷达测量的距离及卡尔曼滤波的结果（距离）可视化
# 可视化，创建包含 2*3 个子图的视图
fig, ((ax1, ax2, ax3), (ax4, ax5, ax6)) = plt.subplots(2, 3, figsize=(20, 15))

# 理论距离
ax1.set_title( " (a)truth distance " )
ax1.set_xlabel( " time " )
ax1.set_ylabel( " distance " )
ax1.set_xlim([0, 21])
ax1.set_ylim([0, 1000])
ax1.plot(t_list, x_list)

# 略去部分代码

# 把理论距离、激光雷达测量的距离及卡尔曼滤波的结果（距离）可视化
ax5.set_title( " (e)Lidar measurements VS truth " )
ax5.set_xlabel( " time " )
ax5.set_ylabel( " distance " )
ax5.set_xlim([0, 21])
ax5.set_ylim([0, 1000])
ax5.set_xticks(range(0, 21, 2))
ax5.set_yticks(range(0, 1000, 100))
ax5.plot(t_list, x_list, label= " truth distance " , color= " blue " , linewidth=1)
ax5.scatter(lidar_t_list, lidar_x_list, label= " Lidar distance " , color= " red " , marker= " o " , s=2)
ax5.scatter(time_result, x_result, label= " kalman " , color= " green " , marker= " o " , s=2)
ax5.legend()

#统计误差
dis_li = 0
dis_kl = 0
for i in range(len(t_list) - 1):
    dis_li += abs(lidar_x_list[i]-x_list[i])
    dis_kl += abs(x_result[i]-x_list[i])
print( " 雷达测量值的误差和为： " , dis_li)
print( " 卡尔曼滤波值的误差和为 " , dis_kl)

# 把理论速度、卡尔曼滤波器的结果（速度）可视化
ax6.set_title( " (f)Lidar measurements VS truth " )
ax6.set_xlabel( " time " )
ax6.set_ylabel( " velocity " )
ax6.set_xlim([0, 21])
ax6.set_ylim([0, 50])
ax6.set_xticks(range(0, 21, 2))
```

```
ax6.set_yticks(range(0, 50, 5))
ax6.plot(t_list, v_list, label= " truth velocity " , color= " blue " , linewidth=1)
ax6.scatter(time_result, v_result, label= " Lidar velocity " , color= " red " , marker= " o " , s=2)
ax6.legend()

plt.show()
```

实验作业

撰写实验报告，主要内容包括：程序代码的工作流程描述；实验过程中出现的问题及解决方法；关于卡尔曼滤波的应用思考等。

参考文献

[1] 管珊珊，张益农. 汽车速度预测技术研究发展[C]//中国计算机用户协会网络应用分会 2017 年第二十一届网络新技术与应用年会论文集，2017：149-152.

[2] 秦永元，张洪钺，汪叔华. 卡尔曼滤波与组合导航原理[M]. 4 版. 西安：西北工业大学出版社，2021.

实验 4

挑战代码——无人驾驶的路径规划

实验目的

1. 掌握 PyCharm 软件下使用 Python 进行程序设计的方法；
2. 了解广度优先搜索算法等路径规划算法；
3. 了解 A*算法及其在无人驾驶路径规划方面的应用。

实验内容

1. 了解广度优先搜索算法、Dijkstra 算法和 A*算法；
2. 阅读、理解使用 A*算法进行路径规划的 Python 源代码。

预备知识

1. 路径规划

人类驾驶员在驾驶汽车时，需要对当前位置进行判断，然后规划前往目的地的安全路线。无人驾驶车辆也需要完成同样的工作，这就是路径规划，它是无人驾驶实现决策的基础。

作为无人驾驶汽车系统核心的任务之一，路径规划需要收集来自定位、感知、地图等一系列基础模块的数据，并对这些数据进行综合评估，给出在限定条件下的最优路径规划。路径规划是汽车完成驾驶决策及进一步运动的基础，其在整个无人驾驶系统的框架中至关重要。

路径规划根据给定的环境模型，在一定的约束条件下，规划一条连接汽车当前位置和目标位置的无碰撞路径。无人驾驶汽车的全局路径规划，简单来说，可以理解为实现无人驾驶系统内部的导航功能，即在宏观层面上指导无人驾驶系统的控制规划模块按照什么样的道路行驶，从而引导汽车从起始点到达目的地。

2. 常用的路径搜索算法

常用的路径搜索算法有广度优先搜索算法和深度优先搜索算法。广度优先搜索算法又称为宽度优先搜索算法，是一种图形搜索算法。该算法是一种盲目的搜索法，从初始结点逐层搜索，遍历图中所有结点来找寻目标结点。在执行算法的过程中，每个点需要记录达到该点的前一个点的位置：父结点。这样做之后，一旦到达终点，便可以从终点开始，反过来顺着父结点的顺序找到起点，由此构成了一条路径。深度优先搜索算法是图论中的经典算法，该算法是按照一定的顺序先查找一个分支，尽可能深地搜索该分支，直到遍历该分支的结点。若此时图中还有未被搜索过的分支，则继续遍历其他分支，直到找到目标点。广度优先搜索算法和深度优先搜索算法的过程基本相同。它们都是在一个给定的状态空间中，通过遍历所有结点的方式，寻找需要找到的目标点及其路径。广度优先搜索算法如图 4–1 所示，深度优先搜索算法如图 4–2 所示。

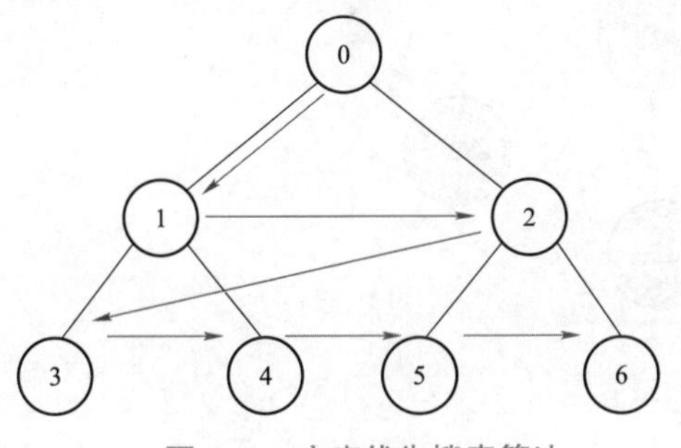

图 4–1　广度优先搜索算法

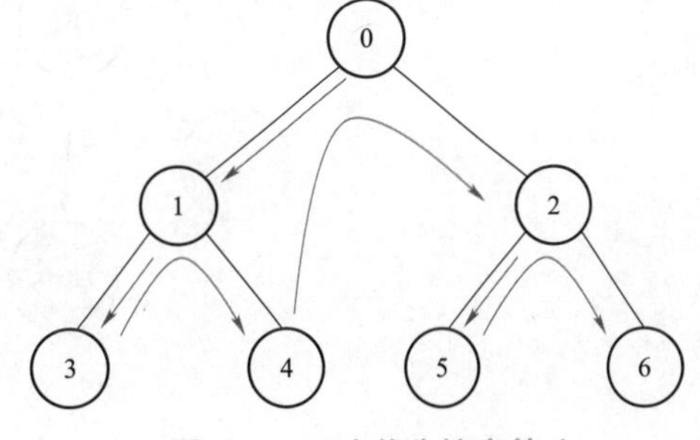

图 4–2　深度优先搜索算法

两种路径搜索算法都存在一个局限性，即假设了路与路之间的情况都是相同的，但是在很多情形下，我们面临多种不同的地形和其他条件，比如在小路上运行得慢一些，在高速路上运行得快一些，在拥堵路段运行得慢一些等。这时我们就不能再简单地使用这些算法，而是需要引入一种带权重的搜索算法，用不同的权重代表不同的条件，如 Dijkstra 算法。

Dijkstra 算法是由计算机科学家 Edsger W. Dijkstra 在 1956 年提出的，是典型的带权重的最短路径算法。Dijkstra 算法采用贪心算法的策略，将所有顶点分为已标记点和未标记点两个集合，从起始点开始，不断在未标记点中寻找距离起始点路径最短的顶点，并将其标记，直到所有顶点都被标记为止。需要注意的是该方法不能处理带有负权边的图。

Dijkstra 算法可以解决带权重有向图的最短路径规划问题，在实际的路径规划中也有实际应用，但是 Dijkstra 算法的搜索没有方向性，会有大量冗余的搜索操作。在状态空间不大的情况下，Dijkstra 算法适用。但是当状态空间十分大，而且存在许多无法预测的情况下，这种算法不是最佳选择，因为这种遍历搜索具有盲目性，效率比较低，在有限的时间内可能无法搜索到目标点。因此，可以给 Dijkstra 算法加上一些启发性的信息，引导搜索算法快速地搜索到目标。

启发式搜索就是在状态空间中进行搜索，同时在搜索过程中加入与问题有关的启发式信息，引导搜索朝着最优的方向前进。该方法会评估每一个搜索到的结点，通过比较搜索到的结点的评估值选择最好的结点，然后将这个最好的结点作为下一次搜索的起始点，沿着搜索的方向继续搜索，直到搜到目标点。一般来说，一个城市的电子地图有上千万个结点，由于启发式搜索不需要遍历网络中的所有结点，这样就可以忽略大量与启发信息无关的结点，提高了搜索效率。

3. A*算法

A*（A 星/A–Star）算法是一种在 Dijkstra 算法上优化的简单有效的启发式搜索算法，其主要思路是每走一步要计算代价，选择代价最小的走法，它是在路网中求解最短路径的直接搜索方法之一。A*算法的路程代价由结点到起点的代价和结点到终点的代价两部分相加而成，而结点到起点的代价早已确定，所以主要由结点到终点的代价决定，在寻路时根据自己需求的不同，可以分成不同的启发函数。通过启发式代价函数的计算，算法会比较和评估每一个搜索到的结点，选择最好的结点，然后将它作为下一次搜索的起始点，继续搜索，直到搜到目标结点。A*算法示意图如图 4-3 所示。

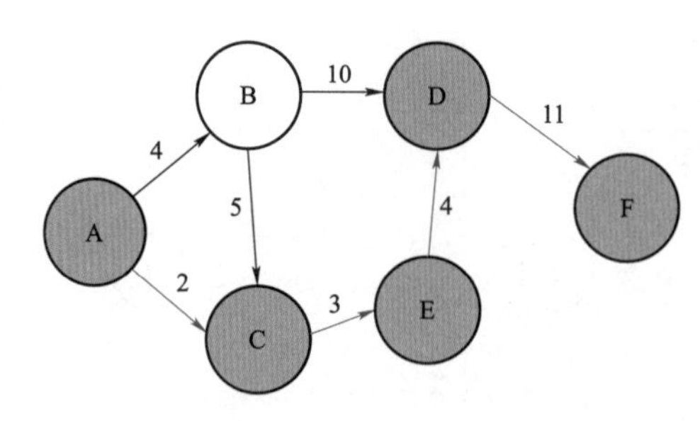

图 4-3　A*算法示意图

A*算法通过下面的启发式代价函数来计算每个结点的优先级。

$$f(n)=g(n)+h(n) \tag{4-1}$$

其中：

$f(n)$ 是结点 n 的综合优先级。当我们选择下一个要遍历的结点时，总会选取综合优先级最高（值最小）的结点。

$g(n)$ 是在状态空间从初始结点到结点 n 的实际代价，即与起点的距离。

$h(n)$ 是结点 n 距离目标结点的最佳路径的估计代价，即与终点的距离。

在这里 $g(n)$ 是已知的，所以主要是 $h(n)$ 体现了搜索的主要信息，对于 $h(n)$ 的不同取值，分为以下 5 种情况。

（1）在极端情况下，当启发函数 $h(n)$ 始终为 0，那么实际上只有 $g(n)$ 起到了作用，此时算法就退化成了 Dijkstra 算法，其可以保证找到一条最优路径。

（2）如果 $h(n)$ 总是小于等于结点 n 到目标结点的步数，则 A*算法保证一定能够找到最短路径。但是当 $h(n)$ 的值越小，A*算法将遍历越多的结点，这就导致 A*算法越慢。

（3）如果 $h(n)$ 完全等于结点 n 到终点的代价，则 A*算法将找到最佳路径，并且速度很快，不会扩展任何不相关的结点。尽管无法总是做到这一点，但是在某些特殊的情况下还是可以做到的。知道 A*算法在何种情况下可以运行出最好的效果对于充分了解这个算法非常有利。

（4）如果 $h(n)$ 的值有时候会大于从结点 n 到目标结点的距离，那么 A*算法不能保证找到最短路径，不过此时算法会运行得很快。

（5）在另外一个极端情况下，如果 $h(n)$ 相较于 $g(n)$ 大很多，则此时只有 $h(n)$ 产生效果，这也就变成了最佳优先搜索。即选择距离目标结点最近的结点（不一定是最优路线）。

经过对上述问题的讨论，我们发现，对于 A*算法，权衡算法的准确度和速度是很有必要的，如果 $h(n)$ 值太低了，我们是一定可以找到最优路径的，但这是以牺牲速度为代价换取的；而如果 $h(n)$ 值太高的话，A*算法的速度会变快，但是无法保证得到的路径一定是最优的。

对于不同的启发式代价函数，分为以下 3 种距离。

（1）曼哈顿距离。

如果只允许往上下左右 4 个方向移动，则是标准的启发函数。曼哈顿距离如图 4-4 所示。

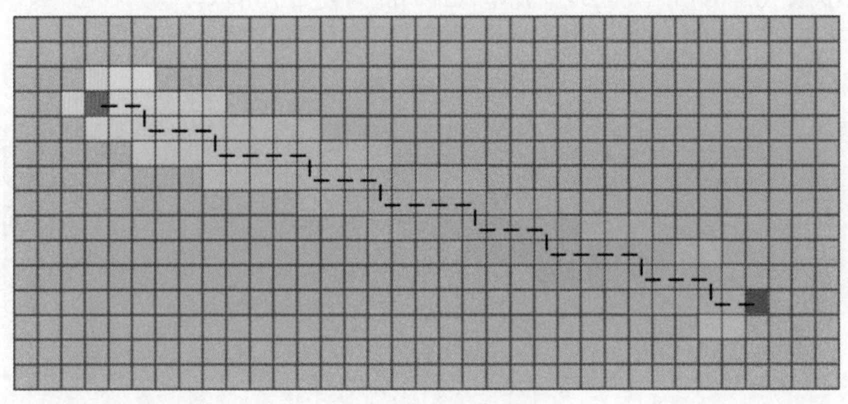

图 4-4　曼哈顿距离

实现曼哈顿距离的函数如下所示，假设移动一格的代价为 D，则最后的距离为 D 乘曼哈顿距离。

```
function heuristic(node) =
    dx = abs(node.x - goal.x)
    dy = abs(node.y - goal.y)
    return D * (dx + dy)
```

（2）对角线距离。

如果地图允许往对角线移动，则启发函数可以使用对角线距离。对角线距离如图 4-5 所示。

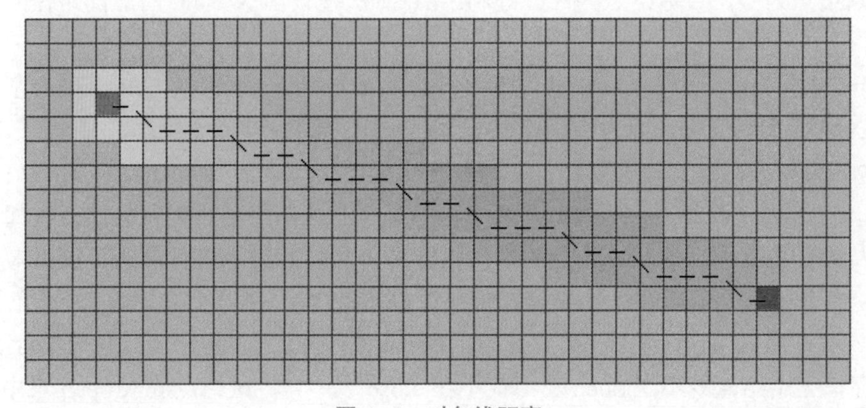

图 4-5　对角线距离

实现对角线距离的函数如下所示，D 仍代表移动一格的代价，D2 代表移动对角线距离的代价，实际大小为 sqrt（2*D）。

```
function heuristic(node) =
    dx = abs(node.x - goal.x)
    dy = abs(node.y - goal.y)
    return D * (dx + dy) + (D2 - 2 * D) * min(dx,dy)
```

（3）欧几里得距离。

如果地图允许朝任意方向移动，则可以使用欧几里得距离，其是两点之间的直线距离。欧几里得距离如图 4-6 所示。实现欧几里得距离的函数如下所示。

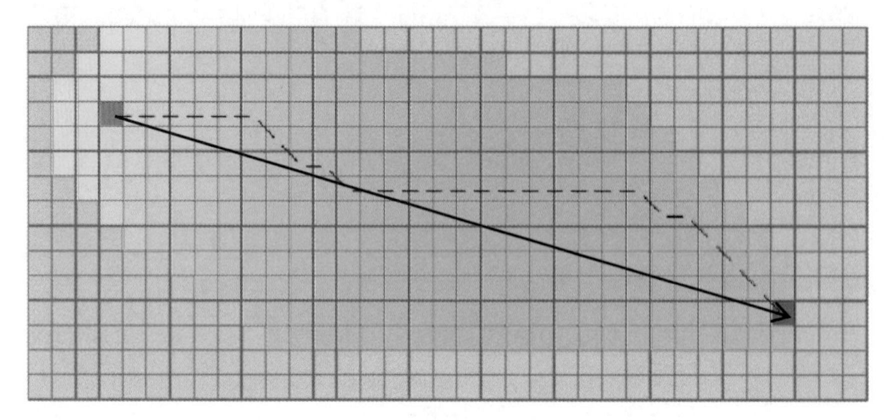

图 4-6　欧几里得距离

```
function heuristic(node) =
    dx = abs(node.x - goal.x)
    dy = abs(node.y - goal.y)
    return D * sqrt(dx * dx + dy * dy)
```

A*算法在搜索过程中会建立两个表：open 表和 close 表。open 表中存储的是已经生成但是还没有被扩展的结点，close 表中存储的是已经被扩展的结点。每扩展一个结点，都要计算其代价值。若新扩展的结点已经存在于 open 表中，则比较这两个结点的代价值的大小，代价值小的点代替代价值大的点。每扩展一个新的结点，都会根据启发信息进行排序。

设初始结点为 X，目标结点为 Y，则利用 A*算法搜索由 X 到 Y 的最优路径的具体步骤如下。

（1）建立空的 open 表和 close 表。把初始结点 X 放到 open 表中，close 表为空，此时其他结点与 X 的距离为无穷。

（2）如果 open 表为空，则搜索失败。否则扩展 X 结点，选取 open 表中 $f(n)$ 值最小的结点，并将该结点从 open 表中移至 close 表中，同时判断该结点是否为目标结点。如果是目标结点，则从该结点回溯，即从该结点的后向指针一直到初始结点进行遍历，获得最优路径，算法结束；如果不是目标结点，则继续扩展下一结点。

（3）依次扩展 X 结点后，扩展 X 结点的所有后继结点组成集合 A，遍历集合 A 中的结点，如果存在某个结点既不在 open 表中也不在 close 表中，将该结点放入 open 表中，同时计算该结点的代价值，并对该结点的代价值与已经存在于 open 表或 close 表中的结点代价值进行比较。若该结点的代价值小于其他两个代价值，则更新 open 表中的代价值及其父结点。

（4）根据所选取的启发式代价函数计算各点的代价值，并按照代价值递增的顺序，对

close 表中的所有结点进行排序，这些结点的扩展过程就是通过计算得到的最优路径。

A*算法流程如图 4-7 所示。

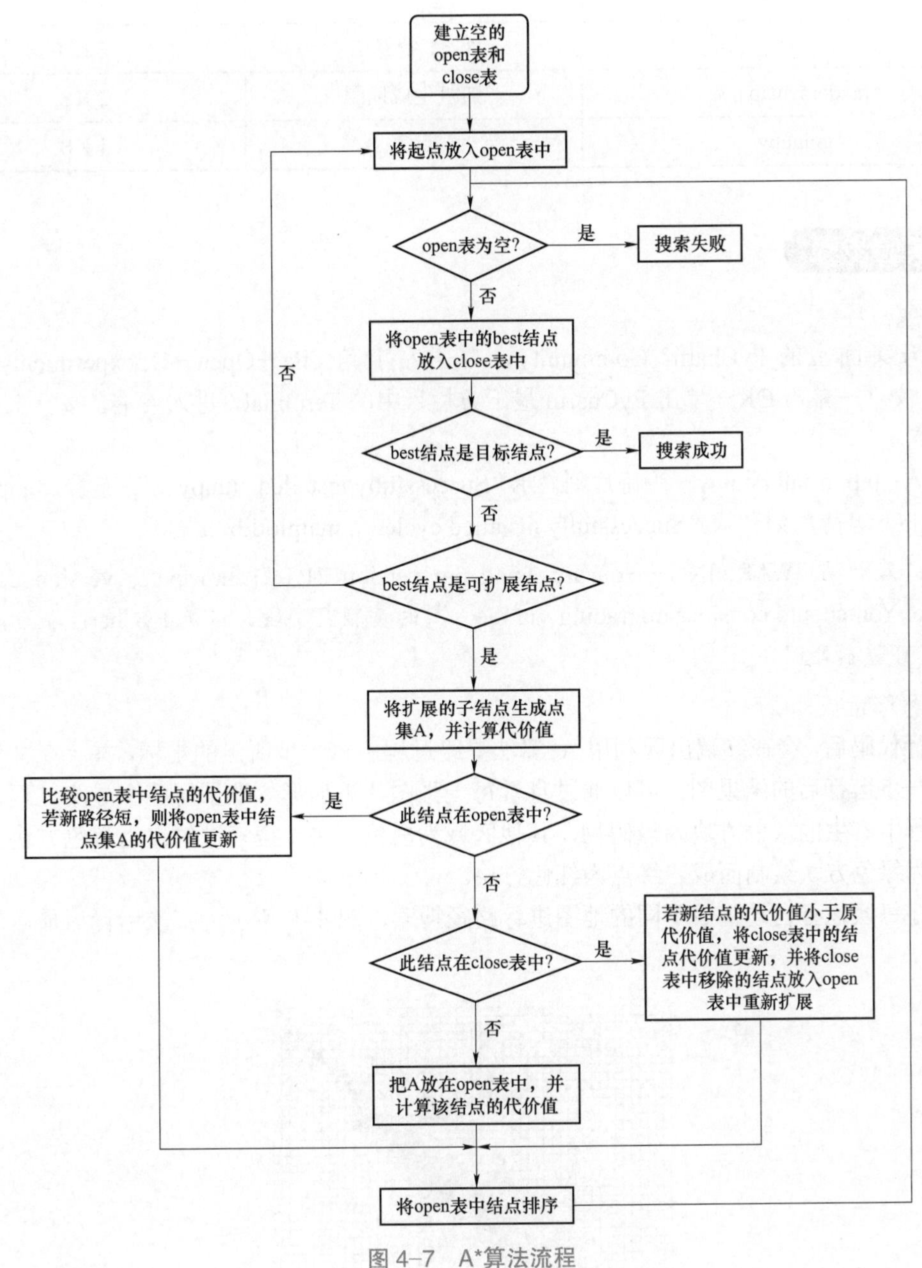

图 4-7　A*算法流程

实验文件

无人驾驶的路径规划实验所用的代码说明见表 4-1，代码路径：D:\experiment\4。

表 4–1　无人驾驶的路径规划实验所用的代码说明

文件名称	主要功能	文件大小
main.py	主程序	1 KB
a_star.py	实现 A*算法	5 KB
random_map.py	随机生成地图	2 KB
point.py	点集	1 KB

实验步骤

1. 实验环境

打开桌面上的 PyCharm Community，单击左上角 File→Open→D:\experiment\4 下的 main.py 文件→单击 OK→单击 PyCharm 最下方栏目中的 Terminal，进入终端，接下来开始下载安装包。

输入：pip install numpy→等待片刻显示“Successfully installed numpy ...”→输入：pip install matplotlib→等待片刻显示“Successfully installed cycler ... matplotlib ...”。

注：若出现“WARNING：You are using pip version 21.1.2；however，version 21.3.1 is available. You should consider upgrading via the...”的黄颜色字段，这是 PyCharm 提示我们更新 pip，可暂不处理。

2. 程序运行

运行代码后，会在终端出现利用 A*算法寻路过程中每一步所走的坐标，并会在文件夹下产生每一步运行后的结果图，可以通过查看每一张图片更加形象地了解整个寻路过程，代码执行过程中产生的灰色方块为障碍物，其他区域为白色方块，搜索过的点为蓝色方块，最终的路径为绿色方块绘制而成，终点为红色方块。

程序每次运行自动生成不同的地图进行路径搜索，图 4–8 所示为某次运行后最后的寻路结果。

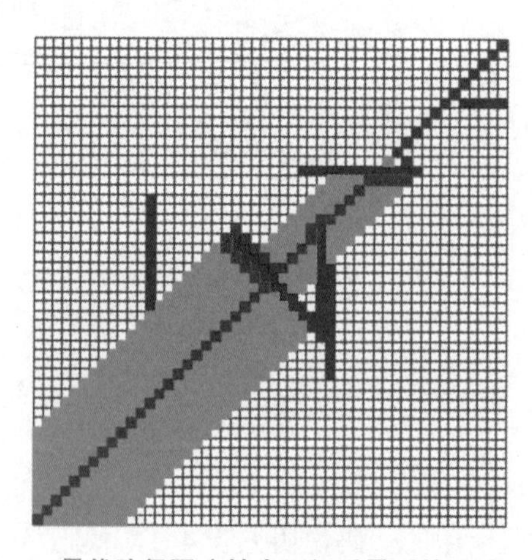

图 4–8　最优路径图（某次运行后最后的寻路结果）

理解代码

利用 Python 实现 A*算法，以下是本实验文件夹中 a_star.py 文件的主要代码和语句说明。

```
import sys
import time
import numpy as np
from matplotlib.patches import Rectangle
import point
import random_map

class AStar:
  def __init__(self, map):  #类的构造函数
    self.map=map
    self.open_set = []
    self.close_set = []

  def BaseCost(self, p):    #结点到起点的移动代价，对应上文的 g(n)，由于是基于网格的图形，所以计算的是对角线距离
    x_dis = p.x
    y_dis = p.y
    # Distance to start point
    return x_dis + y_dis + (np.sqrt(2) - 2) * min(x_dis, y_dis)

  def HeuristicCost(self, p):  #结点到终点的启发函数，对应上文的 h(n)，由于是基于网格的图形，所以计算的是对角线距离
    x_dis = self.map.size - 1 - p.x
    y_dis = self.map.size - 1 - p.y
    # Distance to end point
    return x_dis + y_dis + (np.sqrt(2) - 2) * min(x_dis y_dis)

  def TotalCost(self, p):   #代价总和，对应上文的 f(n)
    return self.BaseCost(p) + self.HeuristicCost(p)

  def IsValidPoint(self, x, y): #判断点是否有效，不在地图内部或者障碍物所在点都是无效的
    if x < 0 or y < 0:
      return False
    if x >= self.map.size or y >= self.map.size:
      return False
    return not self.map.IsObstacle(x, y)

  def IsInPointList(self, p, point_list): #判断点是否在某个集合中
    for point in point_list:
      if point.x == p.x and point.y == p.y:
        return True
    return False

  def IsInOpenList(self, p): #判断点是否在 open_set（存储的是已经生成但是还没有被扩展的结点，即知道但还没走过的路）中
    return self.IsInPointList(p, self.open_set)

  def IsInCloseList(self, p): #判断点是否在 close_set（存储的是已经被扩展的结点，即已经走过的路）中
    return self.IsInPointList(p, self.close_set)
```

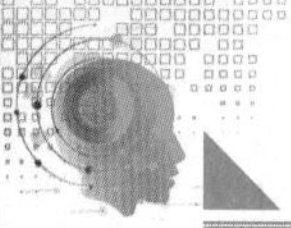

```
def IsStartPoint(self, p): #判断点是否在起点
    return p.x == 0 and p.y ==0

def IsEndPoint(self, p): #判断点是否在终点
    return p.x == self.map.size-1 and p.y == self.map.size-1

def SaveImage(self, plt): #将当前状态保存到图片中，并以时间命名
    millis = int(round(time.time() * 1000))
    filename = './' + str(millis) + '.png'
    plt.savefig(filename)

def ProcessPoint(self, x, y, parent): #针对每一个结点进行处理，如果是没有处理过的结点，则计算优先级设置父结点，方便最后反推出最佳搜索路径，并添加到 open_set 中
    if not self.IsValidPoint(x, y):  #判断点是否有效，有效则进行读取
        return # Do nothing for invalid point
    p = point.Point(x, y)
    if self.IsInCloseList(p):
        return # Do nothing for visited point
    print('Process Point [', p.x, ',', p.y, ']', ', cost: ', p.cost)
    if not self.IsInOpenList(p):
        p.parent = parent
        p.cost = self.TotalCost(p)
        self.open_set.append(p)

def SelectPointInOpenList(self): #从 open_set 中找到优先级最高（即代价最小）的结点，返回其索引值
    index = 0
    selected_index = -1
    min_cost = sys.maxsize
    for p in self.open_set:
        cost = self.TotalCost(p)
        if cost < min_cost:
            min_cost = cost
            selected_index = index
        index += 1
    return selected_index

def BuildPath(self, p, ax, plt, start_time): #从终点往回沿着父结点构造结果路径，然后从起点开始绘制结果，结果使用绿色方块，每次绘制一步便保存一个图片
    path = []
    while True:
        path.insert(0, p) # Insert first
        if self.IsStartPoint(p):
            break
        else:
            p = p.parent
    for p in path:
        rec = Rectangle((p.x, p.y), 1, 1, color='g')
        ax.add_patch(rec)
        plt.draw()
        self.SaveImage(plt)
    end_time = time.time()
    print('===== Algorithm finish in', int(end_time-start_time), ' seconds')

def RunAndSaveImage(self, ax, plt):
    start_time = time.time()

    start_point = point.Point(0, 0)
    start_point.cost = 0
```

```
        self.open_set.append(start_point)

        while True:
            index = self.SelectPointInOpenList()
            if index < 0:
                print('No path found, algorithm failed!!!')
                return
            p = self.open_set[index]
            rec = Rectangle((p.x, p.y), 1, 1, color='c')
            ax.add_patch(rec)
            self.SaveImage(plt)

            if self.IsEndPoint(p):
                return self.BuildPath(p, ax, plt, start_time)

            del self.open_set[index]
            self.close_set.append(p)

# 对当前结点的所有邻居结点都列入集合中待查（本模型可以向 8 个方位移动）
            x = p.x
            y = p.y
            self.ProcessPoint(x-1, y+1, p)
            self.ProcessPoint(x-1, y, p)
            self.ProcessPoint(x-1, y-1, p)
            self.ProcessPoint(x, y-1, p)
            self.ProcessPoint(x+1, y-1, p)
            self.ProcessPoint(x+1, y, p)
            self.ProcessPoint(x+1, y+1, p)
            self.ProcessPoint(x, y+1, p)
```

以下是 main.py 文件的代码和语句说明。

```
# main.py

import numpy as np
import matplotlib.pyplot as plt
from matplotlib.patches import Rectangle
import random_map
import a_star

plt.figure(figsize=(5, 5))

map = random_map.RandomMap()  #创建一个随机地图

ax = plt.gca()  #设置图像的内容与地图大小一致
ax.set_xlim([0, map.size])
ax.set_ylim([0, map.size])

for i in range(map.size):  #绘制地图：对于障碍物绘制一个灰色的方块，其他区域绘制一个白色的方块
    for j in range(map.size):
        if map.IsObstacle(i,j):
            rec = Rectangle((i, j), width=1, height=1, color='gray')
            ax.add_patch(rec)
        else:
            rec = Rectangle((i, j), width=1, height=1, edgecolor='gray', facecolor='w')
            ax.add_patch(rec)

rec = Rectangle((0, 0), width = 1, height = 1, facecolor='b') #绘制起点
```

```
ax.add_patch(rec)

rec = Rectangle((map.size-1, map.size-1), width = 1, height = 1, facecolor='r') #绘制终点
ax.add_patch(rec)

plt.axis('equal')  #设置图像的坐标轴比例相等，并隐藏坐标轴
plt.axis('off')
plt.tight_layout()
#plt.show()

a_star = a_star.AStar(map) #调用算法来查找路径
a_star.RunAndSaveImage(ax, plt)
```

以下是 random_map.py 文件的代码和语句说明，用于生成随机地图。

```
# random_map.py

import numpy as np
import point

class RandomMap:
    def __init__(self, size=50):    #构造函数，地图的默认大小是 50×50，设置障碍物的数量为地图大小除以 8
        self.size = size
        self.obstacle = size//8
        self.GenerateObstacle()

    def GenerateObstacle(self):         #调用 GenerateObstacle 生成随机障碍物
        self.obstacle_point = []
        self.obstacle_point.append(point.Point(self.size//2, self.size//2))
        self.obstacle_point.append(point.Point(self.size//2, self.size//2-1))


        #在地图的中间生成一个斜着的障碍物
        for i in range(self.size//2-4, self.size//2):
            self.obstacle_point.append(point.Point(i, self.size-i))
            self.obstacle_point.append(point.Point(i, self.size-i-1))
            self.obstacle_point.append(point.Point(self.size-i, i))
            self.obstacle_point.append(point.Point(self.size-i, i-1))

        #随机生成其他几个障碍物
        for i in range(self.obstacle-1):
            x = np.random.randint(0, self.size)
            y = np.random.randint(0, self.size)
            self.obstacle_point.append(point.Point(x, y))

            if (np.random.rand() > 0.5): # Random boolean
                for l in range(self.size//4):
                    self.obstacle_point.append(point.Point(x, y+l))
                    pass
            else:
                for l in range(self.size//4):
                    self.obstacle_point.append(point.Point(x+l, y))
                    pass

    #定义一个方法来判断某个结点是否是障碍物
    def IsObstacle(self, i ,j):
        for p in self.obstacle_point:
```

```
            if i==p.x and j==p.y:
                return True
        return False
```

以下是 point.py 文件的代码和语句说明，用于描述地图中的各点。

```
# point.py

import sys

#描述地图中的各点
class Point:
    def __init__(self, x, y):
        self.x = x
        self.y = y
        self.cost = sys.maxsize
```

实验作业

撰写实验报告，主要内容包括：程序代码的工作流程描述；实验过程中出现的问题及解决方法；关于算法的理解、实验环境等各方面应用的思考等。

参考文献

[1] 杨世春，曹耀光，陶吉，等. 自动驾驶汽车决策与控制[M]. 北京：清华大学出版社，2020.
[2] 罗勇军，郭卫斌. 算法竞赛入门到进阶[M]. 北京：清华大学出版社，2019.

实验 5

挑战代码——无人驾驶的车辆控制

实验目的

1. 掌握 PyCharm 软件下使用 Python 进行程序设计的方法；
2. 了解无人驾驶控制及 PID 算法的原理；
3. 理解 PID 算法的 Python 语言实现。

实验内容

1. 学习并理解 PID 算法相关知识；
2. 阅读并理解 PID 算法的 Python 程序代码。

预备知识

无人驾驶汽车（无人车）基于环境感知技术获得外界信息，根据决策规划获得目标轨迹，通过纵向和横向控制系统的配合，使汽车在行驶过程中能够实现车速调节、车距保持、换道、超车等车辆操作，这就是车辆控制。

PID 算法是一种常见的控制算法，它结构简单、稳定性好、工作可靠、调整方便，是工业控制中的常用技术之一。在闭环系统的控制中，可自动对控制系统进行准确且迅速的校正。PID 算法已经有一百多年的历史，在四轴飞行器、平衡小车、汽车定速巡航、温度控制器等场景均有应用。

PID 算法就是根据系统的误差，利用比例（proportional）、积分（integral）、微分（derivative）计算出控制量进行控制的。当没有精确的数学模型，或被控对象的结构和参数不能通过有效的测量手段来获得，必须依靠经验和现场调试来确定，这时应用 PID 算法最为方便。在现实中，PID 控制也可拆分成 PI 控制和 PD 控制等多种方式。

1. P 控制、PD 控制和 PID 控制

我们举例来介绍比例、积分、微分 3 部分在 PID 控制中的作用。假设我们希望无人车进入图 5–1 中绿色目标车道行驶，这时车辆距离车道仍有一定距离。

图 5-1　车的初始位置

我们需要控制方向盘按照一定角度让车辆快速到达目标车道。那么要控制方向盘旋转多大的角度呢？角度如何适时调整呢？常见的“新手”司机的驾驶轨迹如图 5-2 所示。

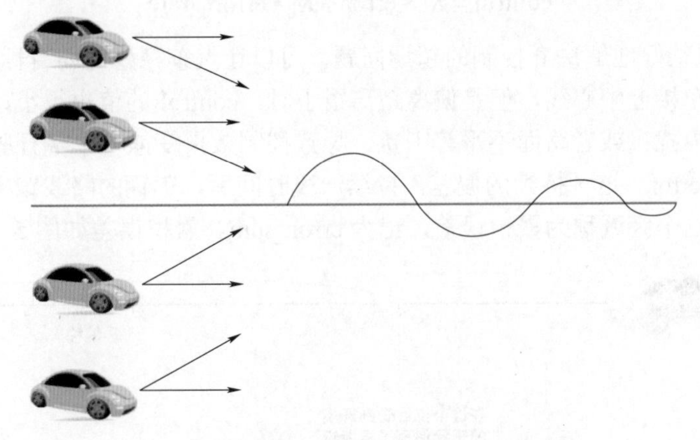

图 5-2　常见的“新手”司机的驾驶轨迹

一个直观的解决方法就是使用比例控制。当距离目标车道偏差大的时候，我们偏转更大的角度；当偏差小的时候，则偏转角度小一点，这就是 P 控制（比例控制）。方向盘的转动角度 control，是车辆偏离目标车道差值（偏离量）error 的倍数。一般用 K_p 来表示这个倍数的大小，那么比例控制可以表达为：

$$\text{control} = K_p * \text{error} \tag{5-1}$$

如果单纯使用比例控制，存在的问题是：由于惯性的存在，汽车依旧会不停地穿越车道中心线，并且来回调整，并不能稳稳地按照中心线行驶。在控制领域中，称这种现象为超调（见图 5-3）。

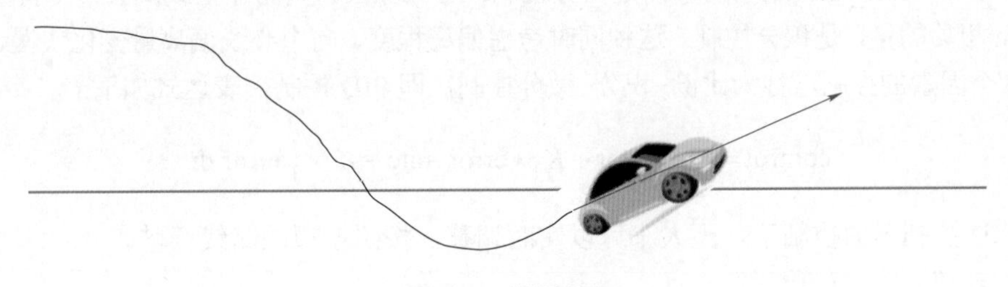

图 5-3　超调现象

对无人车来说，如果将车辆和中心线距离变化的快慢也考虑进来，是可以避免超调的。

车辆和中心线距离变化的快慢，实际上是偏离量 error 的变化快慢，我们用 error_rate 来表示这个快慢。

如果汽车正在从左偏向中心线靠拢，而且靠拢的速度很快，若不采取措施，汽车很快会变成右偏。左偏的时候 error 是负值，向中心线靠拢的时候，偏离程度在减小，error 从负值向 0 变化，那么相当于 error 在变大，即 error_rate 为正。在 control 中考虑 error_rate 的 K_d 倍，即：control = control + K_d*error_rate，让 control 变小。control 变小之后，汽车向中心线靠拢的速度会变慢，这样就可以避免汽车冲过中心线，跑到中心线右边了，类似于“阻尼”的作用。因此，同时考虑偏离程度、偏离量变化快慢两个因素的控制，称为比例–微分控制，即 PD 控制，表达式如下：

$$\text{control} = K_p * \text{error} + K_d * \text{error\_rate} \tag{5-2}$$

PD 控制可以很好地解决 P 控制的超调问题，可以让汽车稳稳地向目标车道靠拢。但是，有时候会发现汽车接近中心线，但是偏离距离很小时，control 的值也很小，并不足以驱动车辆继续向中心线靠拢；或者路面不平等干扰，导致控制效果变差，车辆行驶路线与中心线有一个持续的偏差 error。这种持续的偏差，持续一段时间后，车辆的路线跟中心线会形成一个长条形的区域。这个区域称为累积误差，记为 error_sum。累积误差如图 5–4 所示。

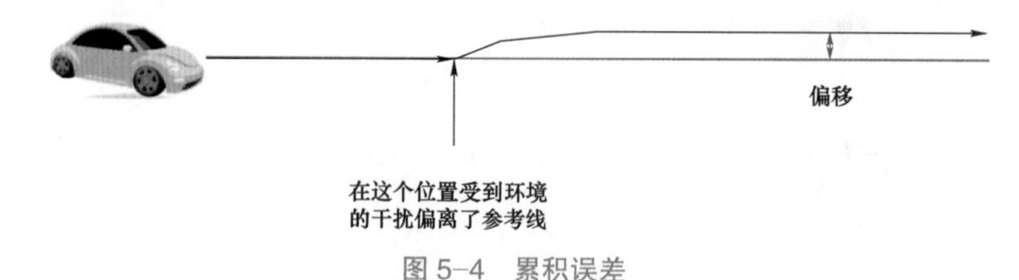

图 5–4　累积误差

这个累积误差，实际上是长条形区域的面积，可以用 error 的积分来表示。

$$\text{error\_sum} = \int_0^T \text{error}\ dt \tag{5-3}$$

如果在 control 中，加上 error_sum 的倍数，就可以将这种持续误差带来的影响逐渐消除，这时 control = control + K_i * error_sum。如果车辆持续在中心线左边，那么 error_sum 是负值，control 中再叠加一个正向右偏的量，就可以将车辆控制到中心线上。

综上，在 control 里面加上或减去一个和 error 相关的量，是比例控制；在 control 里面加上或减去一个和 error_rate 相关的量，是微分控制；在 control 里面加上或减去一个持续的偏差 error_sum 相关的量，是积分控制。这种同时考虑偏离程度、向中心线偏离量变化快慢、持续偏离误差 3 个因素的控制，称为比例–积分–微分控制，即 PID 控制，表达式如下：

$$\text{control} = K_p * \text{error} + K_d * \text{error\_rate} + K_i * \int_0^T \text{error}\ dt \tag{5-4}$$

在 PID 控制器的控制下，无人车可以实时调整，按照期望的路线行驶。

2. PID 控制理论的原理

常规的 PID 控制系统原理框图如图 5–5 所示。

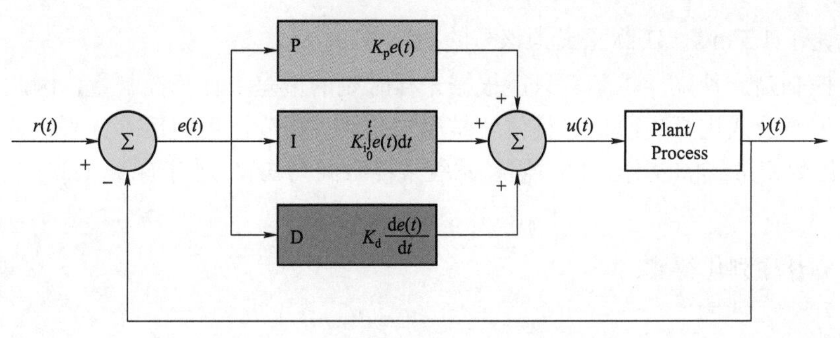

图 5-5 常规的 PID 控制系统原理框图

图中的 $e(t)$ 和 $u(t)$ 的关系表达式如下：

$$u(t)=K_{\mathrm{p}}e(t)+K_{\mathrm{i}}\int_{0}^{t}e(t)\mathrm{d}t+K_{\mathrm{d}}\frac{\mathrm{d}e(t)}{\mathrm{d}t} \tag{5-5}$$

其中：K_p——比例系数；K_i——积分系数；K_d——微分系数；t——当前时间；e——误差，误差=设定值-测量值。

PID 控制各校正环节的作用如下。

（1）比例环节：即时成比例地反映控制系统的偏差信号 $e(t)$，偏差一旦产生，控制系统立即产生控制作用以减小误差。当偏差 $e(t)$=0 时，控制作用也为 0。因此，比例控制是基于偏差进行调节的，即有差调节。实际写程序时，让偏差（目标减去当前测量值）与调节装置的“调节力度”，建立一个一次函数的关系，就可以实现最基本的“比例”控制了。K_p 越大，调节作用越大。

（2）积分环节：能对误差进行记忆，主要用于消除静差，提高系统的无差度。积分作用的强弱取决于积分增益 K_i，K_i 越大，积分作用越强，反之则越弱。所以，I 的作用就是，减小静态情况下的误差，让受控物理量尽可能接近目标值。I 在使用时还有个问题：需要设定积分限制，防止在刚开始时，就把积分量积得太大，难以控制。

（3）微分环节：能反映偏差信号的变化趋势（变化速率），并能在偏差信号值变得太大之前，在系统中引入一个有效的早期修正信号，从而加快系统的变化速度，减少调节时间。微分控制计算误差的一阶导，并和一个正值的常数 K_d 相乘，让被控制的物理量的“变化速度”趋于 0。有很多内在的或者外部的因素，使控制量发生小范围的摆动，D 的作用就是让物理量的变化速度趋于 0，无论什么时候，当这个量具有了速度，D 就向相反的方向用力，尽力控制这个变化。K_d 参数越大，向速度相反方向控制的力就越强。

从时间的角度讲，比例作用是针对系统当前误差进行控制，积分作用则针对系统误差的历史，而微分作用则反映了系统误差的变化趋势。

3. PID 算法的实现方式

常用的 PID 控制算法有位置式和增量式两种形式。位置式即为算法每次的计算值都是目标值。如实验目标是让一辆车提速到 10 m/s 并匀速行驶，算法第一次计算得出的值是 2.55，则表示经过一个时间间隔，该车提速到 2.55 m/s。

由于位置式 PID 的算法对偏差进行累加，占用过多的存储单元，所以我们进行一些改进，对位置式取增量，即增量式 PID。增量式即为算法每次的计算值都是增量值。如实验目标是让一辆车提速到 10 m/s 并匀速行驶，算法第一次计算得出的值是 1.5，则表示第一个时间间隔内该车提速了 1.5 m/s，实际意义为该车的加速度。

计算机控制是一种采样控制，只能根据采样时刻的偏差来计算控制量，因此计算机控制系统中，必须对公式进行离散化，具体就是用求和代替积分，用向后差分来代替微分，模拟 PID 为离散化数字形式的差分方程。假设系统采样时间为Δt，则将输入$e(t)$序列化得到：

$$(e_0, e_1, e_2, \ldots, e_{n-2}, e_{n-1}, e_n)$$

将输出 $u(t)$ 序列化得到：

$$(u_0, u_1, u_2, \ldots, u_{n-2}, u_{n-1}, u_n)$$

对每一项做离散化处理，结果如图 5–6 所示。

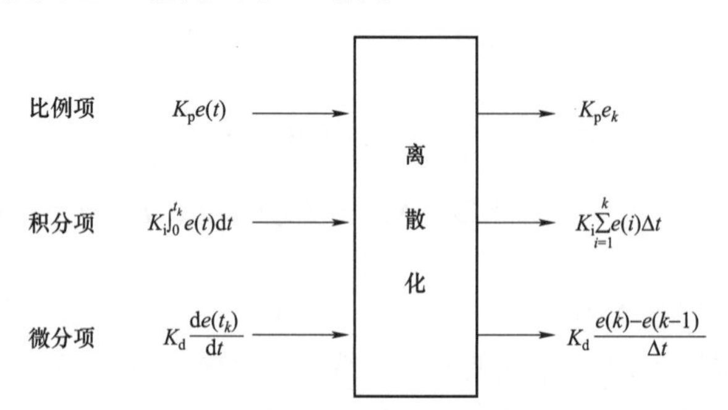

图 5–6　离散化处理结果

所以，最终得到位置式 PID 离散公式：

$$u(k) = K_p e_k + K_i \sum_{i=1}^{k} e(i)\Delta t + K_d \frac{e(k) - e(k-1)}{\Delta t} \tag{5-6}$$

将该式再做一下简化：

$$\Delta u(k) = u(k) - u(k-1) \tag{5-7}$$

最终得到增量式 PID 的离散公式：

$$\Delta u(k) = K_p\left[e(k) - e(k-1)\right] + K_i e(k) + K_d\left[e(k) - 2e(k-1) + e(k-2)\right] \tag{5-8}$$

4. PID 算法的调参方式

1）确定比例系数 K_p

确定比例系数 K_p 时，首先去掉 PID 的积分项和微分项，可以令 K_i=0、K_d=0，使之成为纯比例调节。输入设定为系统允许输出最大值的 60%～70%，比例系数 K_p 由 0 开始逐渐增大，直至系统出现振荡；再反过来，此时的比例系数 K_p 逐渐减小，直至系统振荡消失。记录此时的比例系数 K_p，设定 PID 的比例系数 K_p 为当前值的 60%～70%。

2）确定积分系数 K_i

比例系数 K_p 确定之后，设定一个较小的积分系数 K_i，然后逐渐增大 K_i，直至系统出现振荡，然后再反过来，逐渐减小 K_i，直至系统振荡消失。记录此时的 K_i，设定 PID 的积分时间常数 K_i 为当前值的 50%～70%。

3）确定微分系数 K_d

微分系数 K_d 的确定方法与 K_i 的方法相同。K_d 的值对响应过程影响较大，初始值为 0，在系统出现超调时再做调整。

实验文件

无人驾驶 PID 控制实验代码说明见表 5-1，代码路径：D:\experiment\5。

表 5-1　无人驾驶 PID 控制实验代码说明

文件名称	主要功能	文件大小
PositionPID.py	位置式 PID 实现	3 KB
DeltaPID.py	增量式 PID 实现	2 KB

实验步骤

1. 实验环境

打开桌面上的 PyCharm Community，单击左上角 File→Open→D:\experiment\5 下的 PositionPID.py 文件→单击 PositionPID.py 文件。用同样的步骤也可打开 DeltaPID.py。

单击 PyCharm 最下方栏目中的 Terminal 进入终端，下载需要的安装包。输入：pip install numpy→等待片刻显示“Successfully installed numpy ...”→输入：pip install matplotlib→等待片刻显示“Successfully installed cycler ... matplotlib ...”。

注：若出现“WARNING：You are using pip version 21.1.3；however，version 22.2.2 is available. You should consider upgrading via the...”的黄颜色字段，这是 PyCharm 提示我们更新 pip，可暂不处理。

2. 程序运行

右击代码，找到“Run ‘PositionPID’”，单击即可开始运行程序。另一个文件也是用同样的方式开始运行。

代码初始设置 target = 10、cur_val = 0，代表假设初速度为 0，最终要达到的速度为 10 m/s，dt = 0.5 代表 0.5 s 为一个时间间隔。初始参数下的位置式 PID 算法实验运行结果及可视化结果如图 5-7、图 5-8 所示。

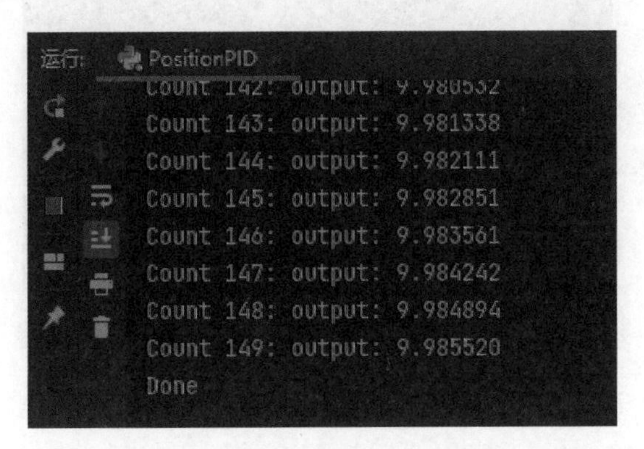

图 5-7　初始参数下的位置式 PID 算法实验运行结果

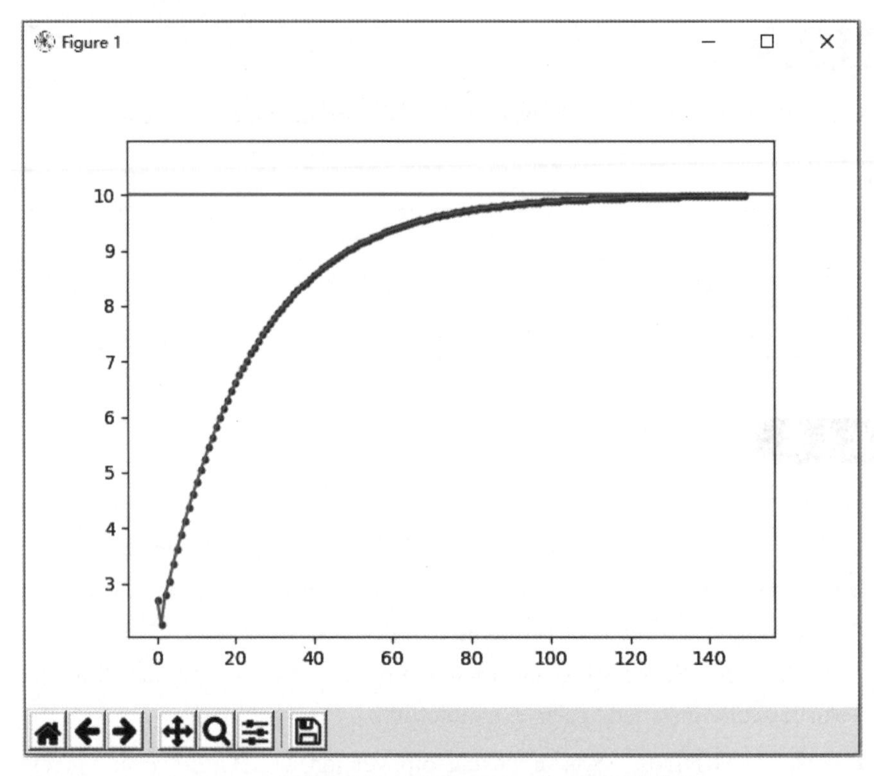

图 5-8　初始参数下的位置式 PID 算法可视化结果

位置式 PID 的每一次输出结果代表每个时间间隔后车辆的速度达到了多少。

横坐标代表经过的时间间隔，纵坐标代表车的速度，红色的线表示最终要达到的恒定速度 10 m/s，蓝色的曲线代表加速情况。初始参数下的增量式 PID 算法实验运行结果及可视化结果如图 5-9、图 5-10 所示。

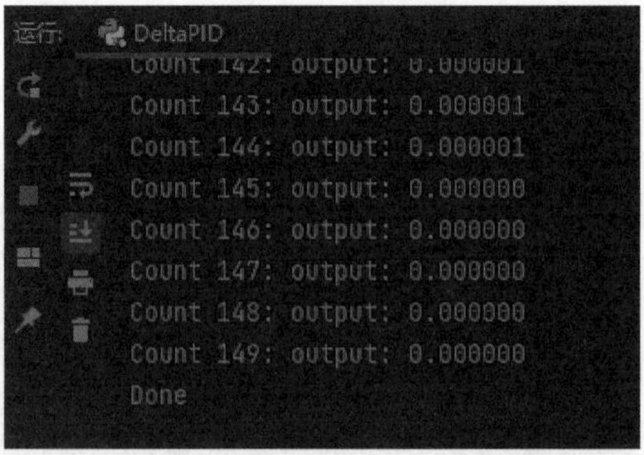

```
运行:   DeltaPID
Count 142: output: 0.000001
Count 143: output: 0.000001
Count 144: output: 0.000001
Count 145: output: 0.000000
Count 146: output: 0.000000
Count 147: output: 0.000000
Count 148: output: 0.000000
Count 149: output: 0.000000
Done
```

图 5-9　初始参数下的增量式 PID 算法实验运行结果

增量式 PID 的每一次输出结果代表每个时间间隔中车辆提速了多少。可以看出该车的加速度逐渐减小到 0。

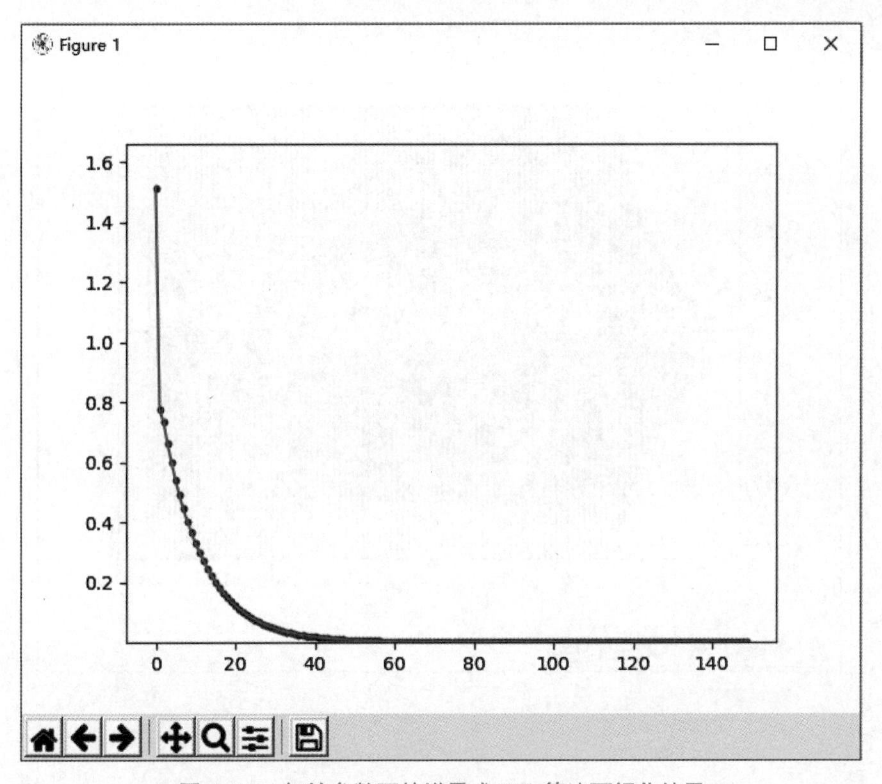

图 5-10　初始参数下的增量式 PID 算法可视化结果

横坐标代表经过的时间间隔，纵坐标代表车的加速度，蓝色的曲线代表车的加速度变化。平滑的曲线是理想的结果，说明车辆是行驶平稳的。

3. 调参并比较

调整 K_p、K_i、K_d 3 个参数的大小，探索其对实验结果的影响。

```
pid = PositionPID(10, 0, 0.5, 100, -100, 0.2, 0.1, 0.01)
pid.fit_and_plot(150)
```

函数的参数分别为目标值 target，初始位置 cur_val，循环时间间隔 dt，最大输出限制 max，最小输出限制 min，比例系数 K_p，积分系数 K_i，微分系数 K_d。后面 3 项是我们实验要调整的变量。

将 K_p 改成不合适的参数值，如 1，重新运行程序，观察图 5-11 所示实验结果。

```
#不合适的参数值
pid = PositionPID(10, 0, 0.5, 100, -100, 1, 0.1, 0.01)
pid.fit_and_plot(150)
```

可以看到车的速度在反复振荡。找到合适的比例系数 K_p，再尝试改变积分系数 K_i 和微分系数 K_d，观察实验结果的变化，可以结合位置式和增量式的结果得出结论。

截图保存有代表性的输出结果，标注好对应的参数条件，整理实验结果。

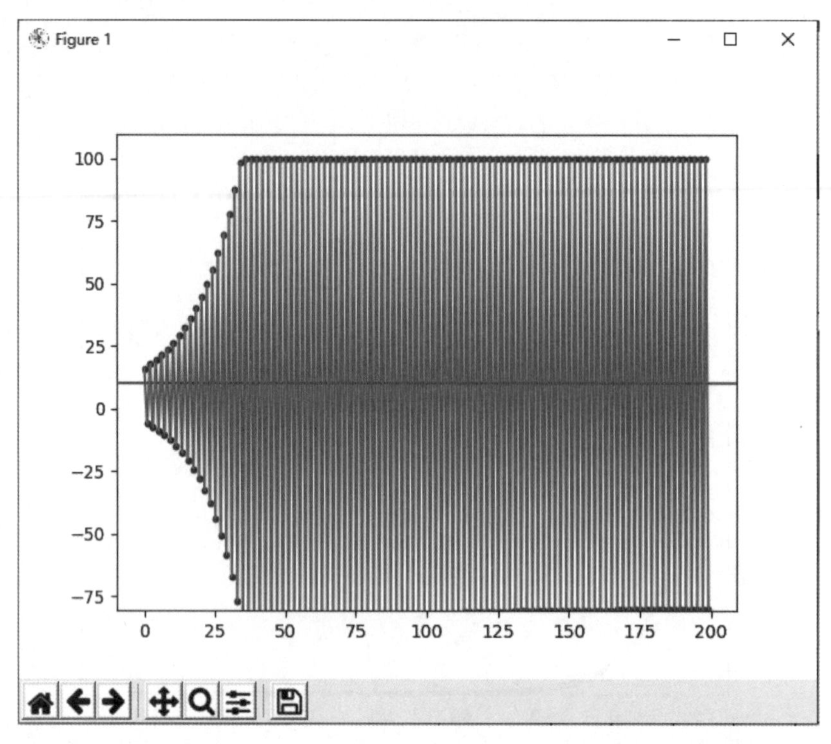

图 5-11　代入不合适的参数值的可视化结果

4. 实验分析

（1）系统的响应速度会随 K_p 值的增大而加快，同时也有助于静差的减小，而 K_p 值过大则会使系统有较大超调，稳定性变坏；此外，系统的动作会因为过小的 K_p 值减慢。

（2）超调的减小、振荡变小，以及系统稳定性的增加取决于积分系数 K_i 的增大，系统静差消除时间会因为 K_i 的增大而变小。

（3）增大 K_d 对于系统的稳定性、系统响应速度的加快，以及系统超调量的减小都会有帮助，但是如果 K_d 过大，则会使调节时间较长，超调量也会增大；如果 K_d 过小，同样也会发生以上状况。

总之，PID 参数的整定必须考虑在不同时刻 3 个参数的作用及彼此之间的作用关系。算法中 K_p、K_i、K_d 三个参数的初始值对算法的影响很大，不合适的设置可能会导致算法不收敛。

理解代码

阅读代码，理解代码的作用，调整参数重新运行代码，并结合中间结果和本实验的预备知识、程序工作流程等综合理解程序。

实现位置式 PID 算法：

```
import numpy as np
import matplotlib.pyplot as plt
class PositionPID(object):
    """位置式 PID 算法实现"""
```

```
def __init__(self, target, cur_val, dt, max, min, p, i, d) -> None:          #设置初始参数
    self.dt = dt  #循环时间间隔
    self._max = max   #最大输出限制，规避过冲
    self._min = min   #最小输出限制
    self.k_p = p   #比例系数
    self.k_i = i   #积分系数
    self.k_d = d   #微分系数

    self.target = target   #目标值
    self.cur_val = cur_val   #算法当前 PID 位置值，第一次为设定的初始位置
    self._pre_error = 0   # t-1 时刻误差值
    self._integral = 0   #误差积分值

def calculate(self):
    " " "
    计算 t 时刻 PID 输出值 cur_val
    " " "
    error = self.target - self.cur_val   #计算当前误差
    #比例项
    p_out = self.k_p * error
    #积分项
    self._integral += (error * self.dt)
    i_out = self.k_i * self._integral
    #微分项
    derivative = (error - self._pre_error) / self.dt
    d_out = self.k_d * derivative

    # t 时刻 PID 输出
    output = p_out + i_out + d_out

    #限制输出值
    if output > self._max:
        output = self._max
    elif output < self._min:
        output = self._min

    self._pre_error = error
    self.cur_val = output
    return self.cur_val

def fit_and_plot(self, count=200):
    " " "
    使用 PID 拟合初始设定值
    " " "
    counts = np.arange(count)
    outputs = []

    for i in counts:
        outputs.append(self.calculate())
        print('Count %3d: output: %f' % (i, outputs[-1]))

    print('Done')
    # print(outputs)

    plt.figure()      #设置输出图像格式
```

```
            plt.axhline(self.target, c='red')
            plt.plot(counts, np.array(outputs), 'b.')
            plt.ylim(min(outputs) - 0.1 * min(outputs), max(outputs) + 0.1 * max(outputs))
            plt.plot(outputs)
            plt.show()

pid = PositionPID(10, 0, 0.5, 100, -100, 0.2, 0.1, 0.01)   #实际输入的各项参数值
pid.fit_and_plot(150)
```

实现增量式 PID 算法：

```
import numpy as np
import matplotlib.pyplot as plt

class DeltaPID(object):
    """ 增量式 PID 算法实现 """
    def __init__(self, target, cur_val, dt, p, i, d) -> None:   #设置初始参数
        self.dt = dt   #循环时间间隔
        self.k_p = p   #比例系数
        self.k_i = i   #积分系数
        self.k_d = d   #微分系数

        self.target = target    #目标值
        self.cur_val = cur_val   #算法当前 PID 位置值
        self._pre_error = 0   # t-1 时刻误差值
        self._pre_pre_error = 0   # t-2 时刻误差值

    def calcalate(self):   #计算输出增量值 delta_output
        error = self.target - self.cur_val
        p_change = self.k_p * (error - self._pre_error)
        i_change = self.k_i * error
        d_change = self.k_d * (error - 2 * self._pre_error + self._pre_pre_error)
        delta_output = p_change + i_change + d_change   #本次增量
        self.cur_val += delta_output   #计算当前位置

        self._pre_error = error
        self._pre_pre_error = self._pre_error

        return delta_output

    def fit_and_plot(self, count=200):   #使用 PID 拟合
        counts = np.arange(count)
        outputs = []
        for i in counts:
            outputs.append(self.calcalate())
            print('Count %3d: output: %f' % (i, outputs[-1]))

        print('Done')

        plt.figure()   #设置输出图像格式
        plt.axhline(self.target, c='red')
        plt.plot(counts, np.array(outputs), 'b.')
        plt.ylim(min(outputs) - 0.1 * min(outputs),
                 max(outputs) + 0.1 * max(outputs))
        plt.plot(outputs)
        plt.show()

pid = DeltaPID(10, 0, 0.5, 0.05, 0.1, 0.001)   #实际输入的各项参数值
pid.fit_and_plot(150)
```

实验作业

撰写实验报告，主要内容包括：程序代码的工作流程描述；实验过程中出现的问题及解决方法；思考 PID 控制算法在无人驾驶车辆控制中的应用。

参考文献

[1] 杨世春，曹耀光，陶吉，等. 自动驾驶汽车决策与控制[M]. 北京：清华大学出版社，2020.
[2] 南裕树. 用 Python 轻松设计控制系统[M]. 施佳贤，译. 北京：机械工业出版社，2021.

实验 6

挑战代码——交通标志牌的图像识别

实验目的

1. 掌握 PyCharm 软件下使用 Python 进行程序设计的方法；
2. 了解图像处理的深度学习方法；
3. 了解无人驾驶中的交通标识图像识别的方法和应用。

实验内容

1. 熟悉 PyCharm 软件环境，安装 Python 程序中所需要的库函数；
2. 阅读并理解 Python 程序代码，理解图像识别的实现过程。

1. 无人驾驶的视觉感知

随着人工智能的快速发展，基于机器学习、深度学习的模型算法和技术被广泛应用在无人驾驶必备的静态物体检测（如交通标识、红绿灯）、动态物体检测（如行人、车辆、非机动车）、通行空间检测（如车道线、道路区域）等功能中。本实验属于静态物体检测中的案例，同学们可从中体会深度学习如何帮助无人车准确地识别交通标识。

2. 实验用数据集

实验使用德国交通标识公开数据集（GTSRB），它包含多种条件下拍摄的 51 839 张交通标识牌的图片，每一张图片对应一个编码，也叫作标签，代表这张图片所属的交通标识类别。数据集共包括 43 种交通标识（标签及描述信息保存在 signnames.csv 文件）。图片数据已按照训练集、验证集和测试集的划分方式保存在特定格式的文件中。实验通过 pickle 库函数工具加载及 matplotlib 库函数工具对图片数据进行可视化。

3. 卷积神经网络

本实验基于卷积神经网络建立训练和识别交通标识图像的模型。卷积神经网络（convolutional neural networks，CNN）是一类包含卷积计算且具有深度结构的前馈神经网络，是深度学习的代表算法之一。

卷积神经网络含有多层结构，输入的数据经过网络中的多重卷积、池化和激活等操作将图像的特征提取出来，然后通过全连接层输出。这是网络的前向传播过程，同时它也会有反向传播过程。通过计算预测值与真实值之间的损失，通过反向传播将损失逐层向前一层反馈，进而更新前向传播中的各个参数，如此往复，就可以训练出效果较好的模型。实验中使用卷积神经网络模型完成图像的识别和分类工作。实验通过 keras 库函数实现了网络的定义、模型的训练和识别。

4. 实验环境

本实验用到的软件 PyCharm 是一种集成开发环境，它可以便捷地集成程序开发所需要的工具（如 matplotlib 可视化工具和 keras 深度学习库），工具需要下载安装到本地才可以调用，PyCharm 提供了简便的命令行方式进行获取。

5. 程序工作流程

程序依次展示了交通标识数据量，用直方图展示了各图像类别数据重采样前后的分布情况，又以单个图像为例，展示了从原图像到灰度图像，到均衡化后的图像，再到数据增强后的图像，这一整个图像处理过程。最后完成识别，计算出模型识别的准确度。图 6-1 所示为程序流程图及部分运行结果。

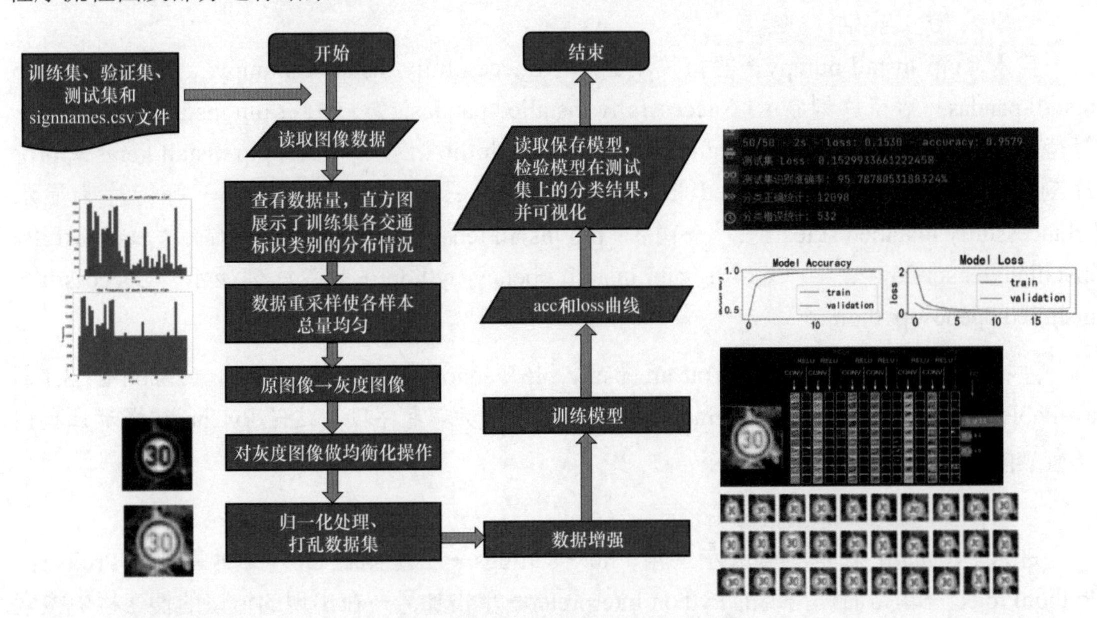

图 6-1　程序流程图及部分运行结果

实验文件

交通标识图像识别实验代码说明见表 6-1，代码路径：D:\experiment\6。

表 6-1　交通标识图像识别实验代码说明

文件名称	主要功能	文件大小
main.py	主程序	9 KB
signnames.csv	标签及含义对照表	1 KB

续表

文件名称	主要功能	文件大小
train.p	训练集	104.6 MB
valid.p	验证集	12.2 MB
test.p	测试集	38 MB
keras_traffic_5.h5	模型	14.7 MB

实验步骤

步骤 1：启动 PyCharm

打开桌面上的 PyCharm Community，单击左上角 File→Open→D:\experiment\6 下的 main.py 文件→单击 main.py 文件→单击 OK→单击 PyCharm 最下方栏目中的 Terminal，进入终端，接下来开始下载安装包。

步骤 2：进入终端，安装库函数

输入：pip install numpy→等待片刻显示“Successfully installed numpy ...”→输入：pip install pandas→等待片刻显示“Successfully installed pandas...”→输入：pip install matplotlib→等待片刻显示“Successfully installed cycler ... matplotlib ...”→输入：pip install keras→等待片刻显示“Successfully installed keras ...”→输入：pip install sklearn→等待片刻显示“Successfully installed sklearn ...”→输入：pip install tensorflow→等待片刻显示“Successfully installed tensorflow ...”→输入：pip install opencv-python→等待片刻显示“Successfully installed opencv-python ...”。

注：若出现“WARNING：You are using pip version 21.1.2；however，version 21.3.1 is available. You should consider upgrading via the…”的黄颜色字段，这是 PyCharm 提示让我们更新 pip，可暂不处理。

步骤 3：配置 cv2 库函数

进入 PyCharm 菜单，单击左上角 File→Settings→在左侧栏目中找到并单击 Project：PythonProject→单击右侧出现的 Python Interpreter→单击加号→在出现的窗口的搜索栏中搜索 opencv-python→选中后单击“Install Package”按钮→出现绿色字段“Package ‘opencv-python-headless’ installed successfully”即配置成功。

步骤 4：运行代码

看到代码上方的“D：/…main.py”小框，右击，找到“Run ‘main’”，单击即可开始运行程序。

注意：（1）运行过程中显示各种红色字段××××××.dll not found，比如 cudart64_110.dll not found，不用担心，这只是库函数的版本过高，不匹配的问题，不影响程序的正常运行。（2）运行过程中出现交通标识图像及处理的图表，关闭后，程序进行下一步，直至结束出现准确率等数据，程序执行完毕。

步骤 5：阅读并理解代码

程序中的注释起帮助阅读、理解代码的作用。多次运行代码并结合中间结果和本实验的预备知识、程序工作流程、所在目录等综合理解程序。

本实验文件 main.py 中的主要代码和语句说明。

```
#导入所需的函数库
import os
import cv2
import pickle
import numpy as np
import pandas as pd
import matplotlib.pyplot as plt
from keras.utils import np_utils
from sklearn.utils import shuffle
from keras.models import load_model
from keras.models import Sequential
from keras.layers import Conv2D, MaxPooling2D
from keras.layers import Dense, Dropout, Flatten
from keras.preprocessing.image import ImageDataGenerator

#设置中文字体的显示
import matplotlib as mpl
mpl.rcParams['font.sans-serif'] = ['KaiTi', 'SimHei', 'FangSong']
mpl.rcParams['font.size'] = 24
mpl.rcParams['axes.unicode_minus'] = False

#数据集所在的文件位置
training_file = " ./train.p "
validation_file = " ./valid.p "
testing_file = " ./test.p "

#打开文件
with open(training_file, mode= " rb " ) as f:
    train = pickle.load(f)
with open(validation_file, mode= " rb " ) as f:
    valid = pickle.load(f)
with open(testing_file, mode= " rb " ) as f:
    test = pickle.load(f)

#获取数据集的特征及标签
X_train, y_train = train[ " features " ], train[ " labels " ]
X_valid, y_valid = valid[ " features " ], valid[ " labels " ]
X_test, y_test = test[ " features " ], test[ " labels " ]

#查看数据量和图片格式
print( " 训练样本数 = " , X_train.shape[0])
print( " 验证样本数 = " , X_valid.shape[0])
print( " 测试样本数 = " , X_test.shape[0])
print( " 图片格式 = " , X_train.shape[1:])
sum = np.unique(y_train)
```

```
#查看交通标识的分类
sign_names_file = " ./signnames.csv "
sign_names = pd.read_csv(sign_names_file)
print(sign_names)

#用直方图来展示训练集的各个类别的分布
sign_names = np.array(sign_names)
def id_to_name(id):#定义将标签 id 转换成 name 的函数
    return sign_names[id][1]
id_to_name(0) #验证

#随机显示交通标识图
fig, axes = plt.subplots(2, 5, figsize=(18, 5))
ax_array = axes.ravel()
for ax in ax_array:
    index = np.random.randint(0, len(X_train))
    ax.imshow(X_train[index])
    ax.axis( " off " )
    ax.set_title(id_to_name(y_train[index]))
plt.show()

#用直方图来展示图像训练集的各个类别的分布情况
n_classes = len(sum)
def plot_y_train_hist():
    fig = plt.figure(figsize=(15, 5))
    ax = fig.add_subplot(1, 1, 1)
    hist = ax.hist(y_train, bins=n_classes)
    ax.set_title( " the frequency of each category sign " )
    ax.set_xlabel( " signs " )
    ax.set_ylabel( " frequency " )
    plt.show()
    return hist
print(X_train.shape)
print(y_train.shape)
hist = plot_y_train_hist()

#数据重采样，使样本数分配均匀
bin_edges = hist[1]
bin_centers = (bin_edges[1:] + bin_edges[0:len(bin_edges) - 1]) / 2
for i in range(len(bin_centers)):
    if hist[0][i] < 1000:
        train_data = [X_train[j] for j in range(len(y_train)) if y_train[j] == i]
        need_resample_num = int(1000 - hist[0][i])
        new_data_x = [np.copy(train_data[np.random.randint(len(train_data))]) for k in range(need_resample_num)]
        new_data_y = [i for x in range(need_resample_num)]
        X_train = np.vstack((X_train, np.array(new_data_x)))
        y_train = np.hstack((y_train, np.array(new_data_y)))
print(X_train.shape)
print(y_train.shape)
plot_y_train_hist()

#随机显示一张原图像
src = X_train[np.random.randint(0, len(X_train))]
plt.imshow(src)
plt.title( " 原图像 " )
plt.show()
```

```
#转为灰度图像
dst = cv2.cvtColor(src, cv2.COLOR_RGB2GRAY)
plt.imshow(dst,cmap= " gray " )
plt.title( " 灰度图像 " )
plt.show()

#灰度图的直方图
plt.hist(dst.ravel(), 256, [0, 256], color= " r " )
plt.title( " 灰度图像直方图 " )
plt.show()

#灰度图均衡化后的图片
dst2 = cv2.equalizeHist(dst)
plt.imshow(dst2,cmap= " gray " )
plt.title( " 灰度图像均衡化 " )
plt.show()

#灰度图均衡化后的直方图
plt.hist(dst2.ravel(), 256, [0, 256], color= " r " )
plt.title( " 灰度图像均衡化后的直方图 " )
plt.show()

#增加维度
dst3 = np.expand_dims(dst2, 2)

#归一化处理
dst4 = np.array(dst3, dtype=np.float32)
dst4 = (dst4 - 128) / 128

#数据预处理函数定义
def preprocess_features(X, equalize_hist=True):
    normalized_X = []
    for i in range(len(X)):
        # Convert from RGB to YUV
        yuv_img = cv2.cvtColor(X[i], cv2.COLOR_RGB2YUV)
        yuv_img_v = X[i][:, :, 0]
        # equalizeHist
        yuv_img_v = cv2.equalizeHist(yuv_img_v)
        # expand_dis
        yuv_img_v = np.expand_dims(yuv_img_v, 2)
        normalized_X.append(yuv_img_v)
    # normalize
    normalized_X = np.array(normalized_X, dtype=np.float32)
    normalized_X = (normalized_X - 128) / 128
    # normalized_X /= (np.std(normalized_X, axis=0) + np.info('float32').eps)
    return normalized_X

#对数据集整体进行预处理
X_train_normalized = preprocess_features(X_train)
X_valid_normalized = preprocess_features(X_valid)
X_test_normalized = preprocess_features(X_test)

#将数据集打乱
X_train_normalized, y_train = shuffle(X_train_normalized, y_train)
```

```
#数据增强
image_datagen = ImageDataGenerator(rotation_range=10.,
                                   zoom_range=0.2,
                                   width_shift_range=0.08,
                                   height_shift_range=0.08
                                   )

#从训练集随意选取一张图片
index = np.random.randint(0, len(X_train_normalized))
img = X_train_normalized[index]

#展示此图片的灰度图
plt.figure(figsize=(1, 1))
plt.imshow(np.squeeze(img), cmap= " gray " )
plt.title('Example of GRAY image (name = {})'.format(id_to_name(y_train[index])))
plt.axis('off')
plt.show()

#展示数据增强生成的图片
fig, ax_array = plt.subplots(3, 10, figsize=(15, 5))
for ax in ax_array.ravel():
    images = np.expand_dims(img, 0)
    # np.expand_dims(img, 0) means add dim
    augmented_img, _ = image_datagen.flow(np.expand_dims(img, 0), np.expand_dims(y_train[index], 0)).next()
    # augmented_img=preprocess_features(augmented_img)
    ax.imshow(augmented_img.squeeze(), cmap= " gray " )
    ax.axis('off')
plt.suptitle('Random examples of data augment (starting from the previous image)')
plt.show()
print( " 训练样本数 = " , X_train.shape[0])

#对标签数据进行 one-hot 编码
print( " Shape before one-hot encoding: " , y_train.shape)
Y_train = np_utils.to_categorical(y_train, n_classes)
Y_valid = np_utils.to_categorical(y_valid, n_classes)
Y_test = np_utils.to_categorical(y_test, n_classes)
print( " Shape after one-hot encoding: " , Y_train.shape)

#生成模型
model5 = Sequential()
model5.add(Conv2D(filters=32,
          kernel_size=(3, 3),
          input_shape=X_train_normalized.shape[1:],
          activation= " relu " ))
model5.add(MaxPooling2D(pool_size=(2, 2)))
model5.add(Conv2D(filters=64,
          kernel_size=(3, 3),
          activation= " relu " ))
model5.add(MaxPooling2D(pool_size=(2, 2)))
model5.add(Dropout(0.5))
model5.add(Flatten())
model5.add(Dense(512, activation= " relu " ))
model5.add(Dropout(0.5))
model5.add(Dense(100, activation= " relu " ))
model5.add(Dropout(0.5))
model5.add(Dense(n_classes, activation= " softmax " ))
```

```
#编译模型
model5.compile(loss= " categorical_crossentropy " ,
          metrics=[ " accuracy " ],
          optimizer= " adam " )
#训练模型
history5 = model5.fit(X_train_normalized,
               Y_train,
               batch_size=256,
               epochs=10,      #网络迭代 epochs 设置
               verbose=2,
               validation_data=(X_valid_normalized, Y_valid))

#模型训练结果的可视化
fig = plt.figure()
plt.subplot(2, 1, 1)
plt.plot(history5.history['accuracy'])
plt.plot(history5.history['val_accuracy'])
plt.title('Model Accuracy')
plt.ylabel('accuracy')
plt.xlabel('epoch')
plt.legend(['train', 'validation'], loc='lower right')
plt.subplot(2, 1, 2)
plt.plot(history5.history['loss'])
plt.plot(history5.history['val_loss'])
plt.title('Model Loss')
plt.ylabel('loss')
plt.xlabel('epoch')
plt.legend(['train', 'validation'], loc='upper right')
plt.tight_layout()
plt.show()

#保存模型
save_dir =  " ./ "
model_name = 'keras_traffic_5.h5'
model_path = os.path.join(save_dir, model_name)
model5.save(model_path)
print('将训练好的模型保存在 %s ' % model_path)

#加载模型,统计模型在测试集上的分类结果
traffic_model = load_model(model_path)
loss_and_metrics = traffic_model.evaluate(X_test_normalized, Y_test, verbose=2, batch_size=256)
print( " 测试集 Loss: {} " .format(loss_and_metrics[0]))
print( " 测试集识别准确率: {}% " .format(loss_and_metrics[1] * 100))
predicted_classes1 = traffic_model.predict(X_test_normalized)
predicted_classes =np.argmax(predicted_classes1, axis=1)
correct_indices = np.nonzero(predicted_classes == y_test)[0]
incorrect_indices = np.nonzero(predicted_classes != y_test)[0]
print( " 分类正确统计: {} " .format(len(correct_indices)))
print( " 分类错误统计: {} " .format(len(incorrect_indices)))
```

实验作业

提交实验报告，主要内容包括：程序代码的工作流程描述；实验过程中出现的问题及解决方法；思考关于图像识别、深度学习技术在无人驾驶领域的应用。

参考网站

德国交通标志数据集（GTSRB）：https://benchmark.ini.rub.de
交通标志识别开源项目：https://github.com/Daulettulegenov/TSR_CNN

参考文献

[1] HADJI I，WILDES R P. What do we understand about convolutional networks? [EB/OL] (2018-03-23) [2023-01-22]. https://arxiv.org/abs/1803.08834.
[2] 申泽邦，雍宾宾，周庆国，等. 无人驾驶原理与实践[M]. 北京：机械工业出版社，2019.

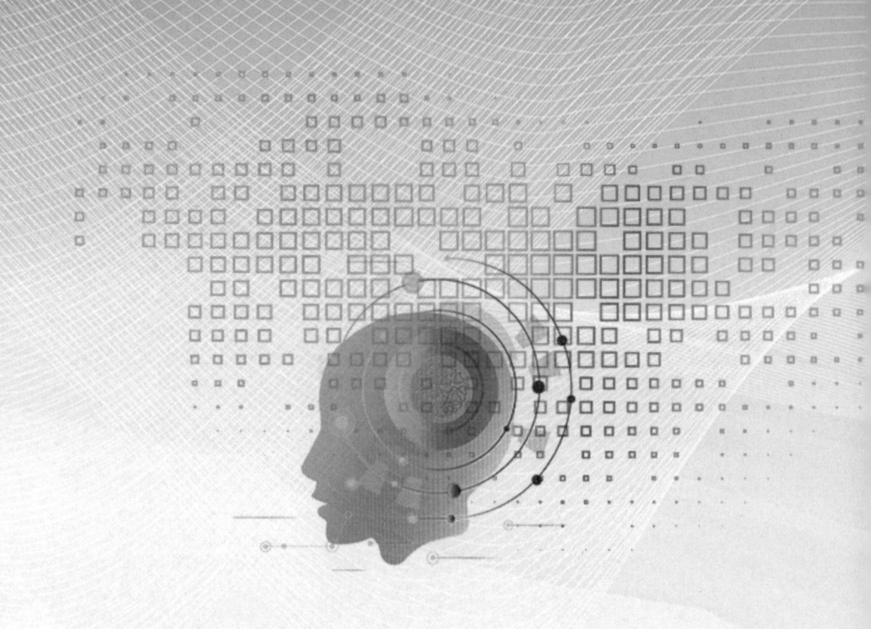

模块三 拓展实验

实验 7

知识探索——无人驾驶的高精度地图

实验目的

1. 了解无人驾驶中高精度地图的作用和特点；
2. 理解 OpenDRIVE 文件格式，能够使用工具绘制地图。

实验内容

1. 使用 Visual Studio Code 了解 OpenDRIVE 文件组织结构；
2. 使用开源软件 Truevision 可视化高精度地图。

预备知识

1. 传统地图

传统地图是在一定坐标系统中反映事物的空间分布和联系的图形。数字地图是人类使用的、在一定坐标系统内、具有确定的坐标和属性的地面要素和现象的离散数据的集合。我们经常使用的数字地图有行政地图、卫星地图、街景地图等。随着技术的发展，数字地图有更多的表现形态，例如可利用虚拟现实技术将地图立体化、动态化，可以通过地理信息系统，在地图上显示实时路况、导航路径规划、拥堵信息提示等功能，可以将地图要素分层显示，实现图上的长度、角度、面积等的自动化测量。

2. 高精度地图

高精度地图赋予了车辆类似于人类的空间感，以及对路网更全面的认识。高精度地图是精度更高、数据维度更多的数字地图。它是无人驾驶中的核心基础部件，称为“最稳定的传感器”。

和人类经常使用的数字地图相比，高精度地图是为机器设计的，它有复杂的数据元素，包含更丰富的与道路交通相关的信息，如车道线的位置、类型、宽度、坡度和曲率、交通标志、信号灯、车道限高、下水道口、障碍物、高架物体、防护栏、道路边缘类型、路边地标等道路交通相关信息，包含较为丰富的语义。

这些数据元素，还可以有多种表现形式，如几何图、矢量图、路网图、点云图、特征图、动态图、语义图等类型。几何图：以点、线、多边形等元素构成的二维图层。矢量图：行车有

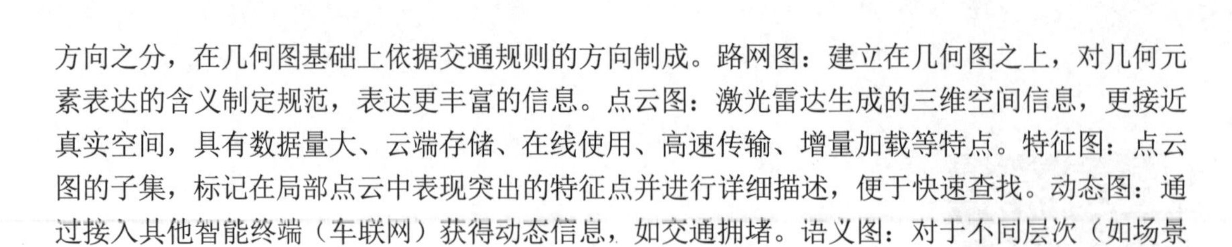

方向之分，在几何图基础上依据交通规则的方向制成。路网图：建立在几何图之上，对几何元素表达的含义制定规范，表达更丰富的信息。点云图：激光雷达生成的三维空间信息，更接近真实空间，具有数据量大、云端存储、在线使用、高速传输、增量加载等特点。特征图：点云图的子集，标记在局部点云中表现突出的特征点并进行详细描述，便于快速查找。动态图：通过接入其他智能终端（车联网）获得动态信息，如交通拥堵。语义图：对于不同层次（如场景级、物体级、单点云等）、不同时间的道路行车知识的表示，如交通标识、交通灯颜色含义等。

3. 高精度地图的数据格式规范

高精度地图因为包含多种维度的数据，需要规范的数据格式，这些规范就是各种道路交通信息的数据集合。地理数据文件（GDF）规范，始于1988年，作为欧洲标准委员会标准发布，将数字地图广泛用于智能系统；导航数据标准（NDS），始于2009年，是通用导航地图数据模型与格式；OpenDRIVE格式规范，始于2006年，采用可扩展标记语言（XML）存储数据，便于加载、传输、解析，逐渐成为制图标准格式。

以OpenDRIVE为例，它将数据进行多层次规范化管理，如高层次的Road、Junction、station下又分为不同层次，如道路（roads）下又分为道路参考线、车道、道路设施、信号灯，等等。可以看到，地图的数据维度很多，包含的信息量非常大。OpenDRIVE的数据存储为XML格式。XML指可扩展标记语言（extensible markup language，XML），可以用来标记数据、定义数据类型，是一种允许用户对自己的标记语言进行定义的语言。

4. 高精度地图的作用

高精度地图主要有定位、环境感知、辅助进行规划的作用。

无人驾驶车辆需要知道自身所在的位置。车辆通过摄像头、激光雷达等传感器，将获得的动态信息同高精度地图上已知静态地标进行比较匹配，找到自己的精准位置。定位的过程较为复杂，包括数据采集预处理，坐标转换，数据融合，对比定位等过程。首先是预处理，以消除传感器数据中不准确或质量差的数据；然后是坐标转换，将来自不同视角不同位置传感器的数据转换为统一的坐标系；接着是数据融合，将来自各种传感器的数据合并；最后与高清度地图的地标进行对比，从而完成定位。

利用高精度地图，还可以辅助进行环境感知。感知是利用传感器的数据和相应的算法，让车辆知道外部复杂的道路交通环境，但是，传感器也有很多限制，例如无法观测距离太远的障碍物，在天气恶劣或夜间时识别精度变低。高清地图含有驾驶辅助信息，可以提前预知静止物体位置（车道、标志、地标），因此在特殊环境（如恶劣天气、夜间等）下及遇复杂障碍物时能够较好地识别。正是有了精度更高、数据维度更多的高精度地图，计算机的人工智能算法，可以缩小传感器检测范围，提高检测精度和速度，节约计算资源，达到较高的实时性要求。

在精准定位和环境感知的基础上，高精度地图还辅助进行规划，包括路径规划、速度规划和车道级规划。高精度地图的语义信息，可以帮助车辆寻找合适的行车路线，确定不同路线的选择，预测道路上其他车辆的位置。高精度地图可提前预知特定区域（如在人行横道、减速带等），提前减速，提早变道，获得最佳变道方案。高精度地图精度较高，可使无人车在车道线之间精确行车。高精度地图帮助车辆寻找合适的行车空间，确定不同的路线选择，规划合适的速度，使无人车安全、平稳、准确行驶。

5. 高精度地图的构建

高精度地图的构建较为复杂，主要过程如下。

（1）数据采集：无人车使用多种传感器进行数据采集。

（2）数据处理：整理、分类和清洗数据，融合多传感器数据，获得初始地图。

（3）对象检测：使用人工智能算法来识别静态对象并对其进行分类。

（4）人工验证：确保地图创建过程正确并及时发现问题。

（5）地图发布：使用标准格式发布地图。

由于道路每天都在变化，且需要手动验证进行标注和数据转化，所以高精度地图目前还很难大规模生产。有些公司依靠众包来加速更新，通过开放工具、智能手机、智能信息系统甚至是无人驾驶车辆等多种方式参与制作高精度地图。高精度地图通过海量的高维度数据，采用机器学习的相关算法，可以让计算机有较高的图像识别能力，实现高效和自动化。例如路面标记提取、交通灯建图、路牌建图、路缘提取、柱状物提取、高精度地图更新等。机器学习在无人驾驶领域应用广泛。

实验文件

本实验所用的软件工具有 Visual Studio Code 和 Truevision。无人驾驶的高精度地图实验使用文件的说明见表 7–1，代码路径：D:\experiment\7。

表 7–1 无人驾驶的高精度地图实验使用文件的说明

文件名称	主要功能	文件大小
UC_Simple-X-Junction-TrafficLights.xodr	Open DRIVE 格式样例文件	65 KB

实验步骤

1. 了解 OpenDRIVE 文件组织结构

（1）打开桌面的 Visual Studio Code 软件，单击文件夹按钮，如图 7–1 所示。

图 7–1 Visual Studio Code 软件界面

（2）打开示例文件。

选择文件夹，打开示例文件 UC_Simple-X-Junction-TrafficLights.xodr，如图 7-2 所示。

图 7-2　文件结构示意图

（3）阅读并理解文件内容。

Open DRIVE 的源文件是由 xml 语言构成的。文件头信息记录了一些版本、日期等信息。在<header>之下是<road>信息，在<road>中描述了组成整个路网的各条道路的信息。文件头信息示意图如图 7-3 所示，路网道路信息示意图如图 7-4 所示。

图 7-3　文件头信息示意图

图 7-4 路网道路信息示意图

展开 id=0 的 road 信息之后，可以看到它包括<link><planView><elevationProfile><lateralProfile><lanes><objects><signals>等信息，其中<lanes>存储不同的车道信息，<signals>存储交通信号信息，<elevationProfile><lateralProfile>存储道路参考线信息，<link>存储不同道路之间的链接信息，<planView>存储道路参考线信息。路网具体信息示意图如图 7-5 所示。

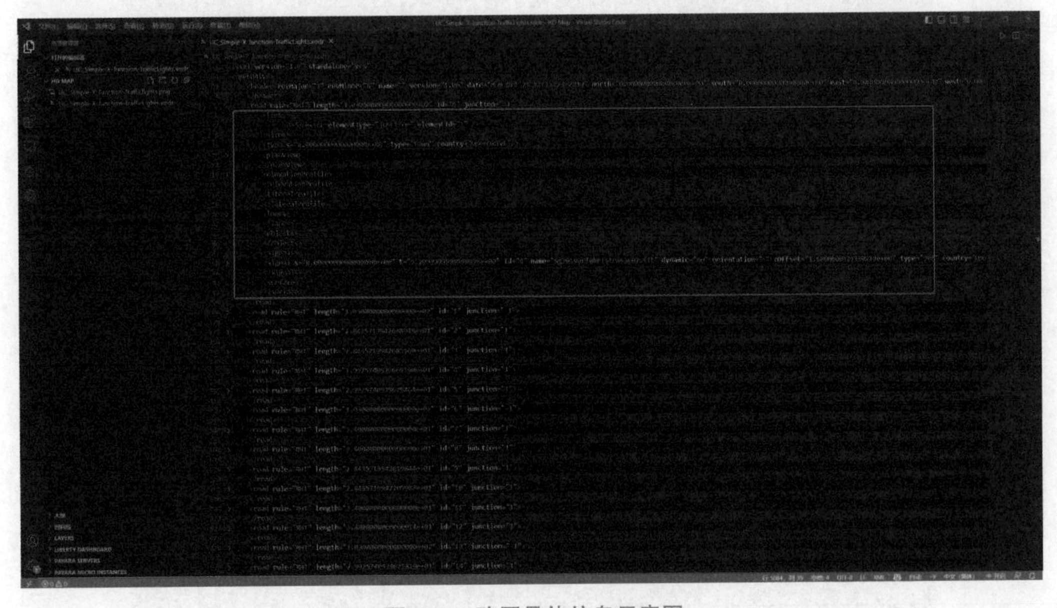

图 7-5 路网具体信息示意图

在道路信息之后是<controller>模块，它存储的是控制器信息。最后是<junction>模块，它存储的是各个路口的信息。控制器信息示意图如图 7-6 所示，路口信息示意图如图 7-7 所示。

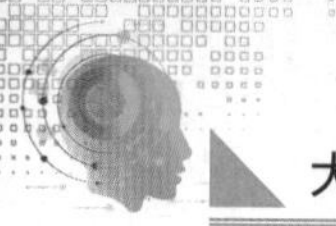

图 7-6　控制器信息示意图

图 7-7　路口信息示意图

2. 使用开源软件 Truevision 可视化高精度地图

（1）打开桌面的 Truevision 软件，如图 7-8 所示。

图 7-8　Truevision 软件界面

（2）依次单击 File->Import->OpenDRIVE，如图 7-9 所示。

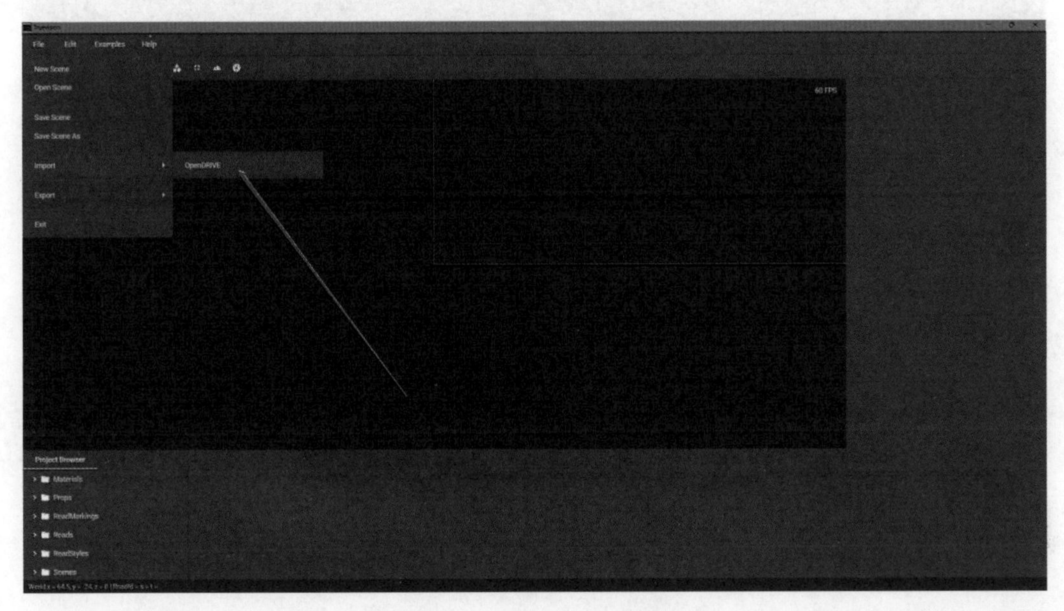

图 7-9　OpenDRIVE 示意图

选择 UC_Simple-X-Junction-TrafficLights.xodr 文件并单击打开。使用左键选择，使用右键拖动。加入文件示意图如图 7-10 所示，道路效果示意图如图 7-11 所示。

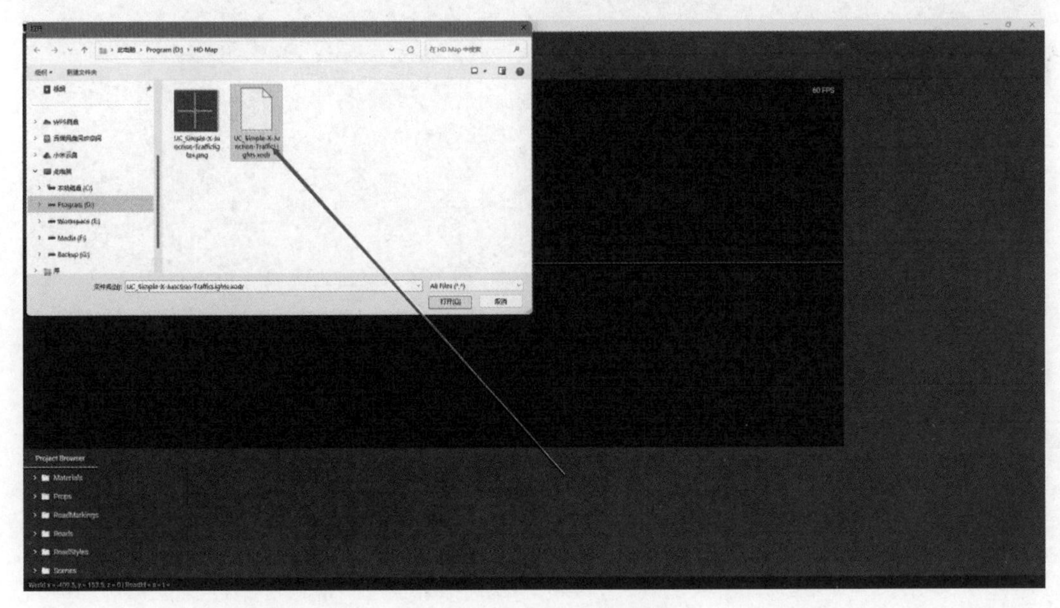

图 7-10　加入文件示意图

图 7-11　道路效果示意图

单击“Change camera”可以切换视图，拖动页面即可实现 3D 效果。3D 道路示意图如图 7-12 所示。

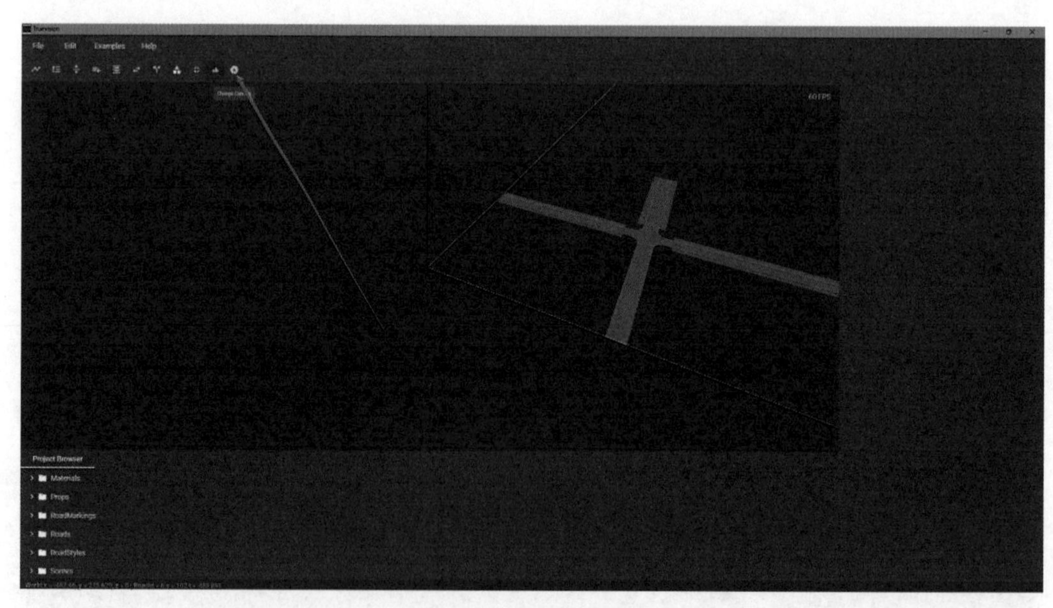

图 7-12　3D 道路示意图

“Road tool”可以更改道路形状。“Lane Width Tool”可以修改车道的宽度，操作过程根据描述进行。“Add Lane Tool”可以添加车道。更改道路示意图如图 7-13 所示，更改道路形状示意图如图 7-14 所示，修改车道宽度示意图如图 7-15 所示。

图 7-13　更改道路示意图

图 7-14　更改道路形状示意图

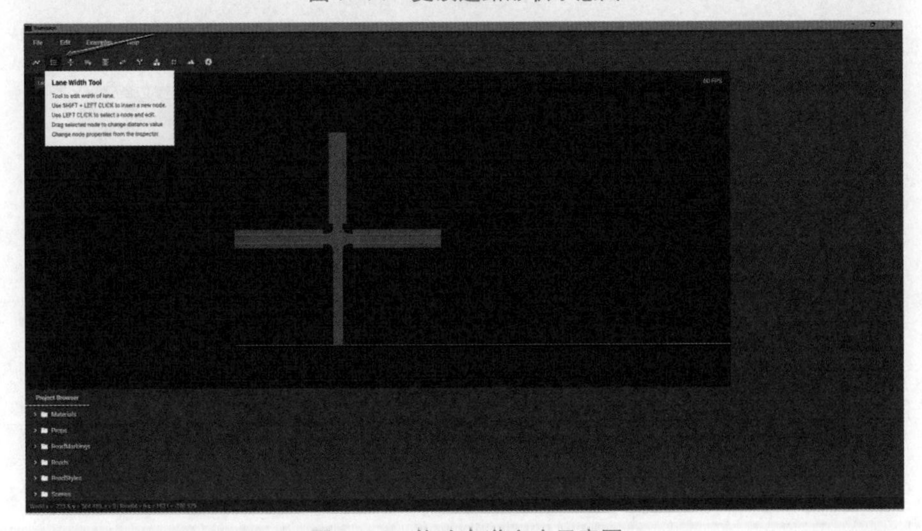

图 7-15　修改车道宽度示意图

修改车道宽度结果示意图如图 7-16 所示。

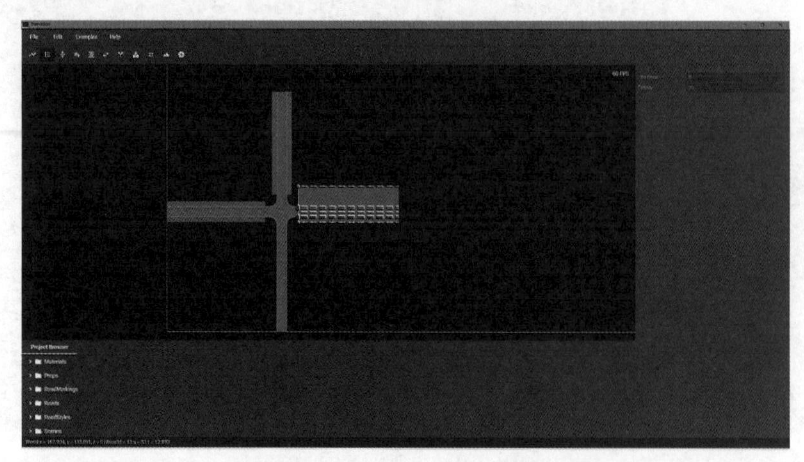

图 7-16　修改车道宽度结果示意图

添加车道示意图如图 7-17 所示。

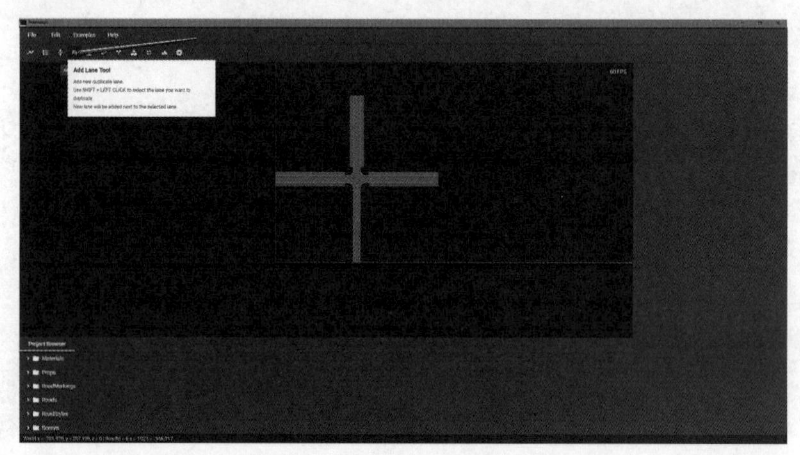

图 7-17　添加车道示意图

添加车道结果示意图如图 7-18 所示。

图 7-18　添加车道结果示意图

Lane Tool 实现道路类型修改示意图如图 7-19 所示。

图 7-19　Lane Tool 实现道路类型修改示意图

道路类型结果示意图如图 7-20 所示。

图 7-20　道路类型结果示意图

3. 了解 truevision 工具的实现方法

访问 Truevision.ai（github.com）网站，查看 truevision 源码，进一步理解高精度地图的渲染原理。软件源码下载示意图如图 7-21 所示。

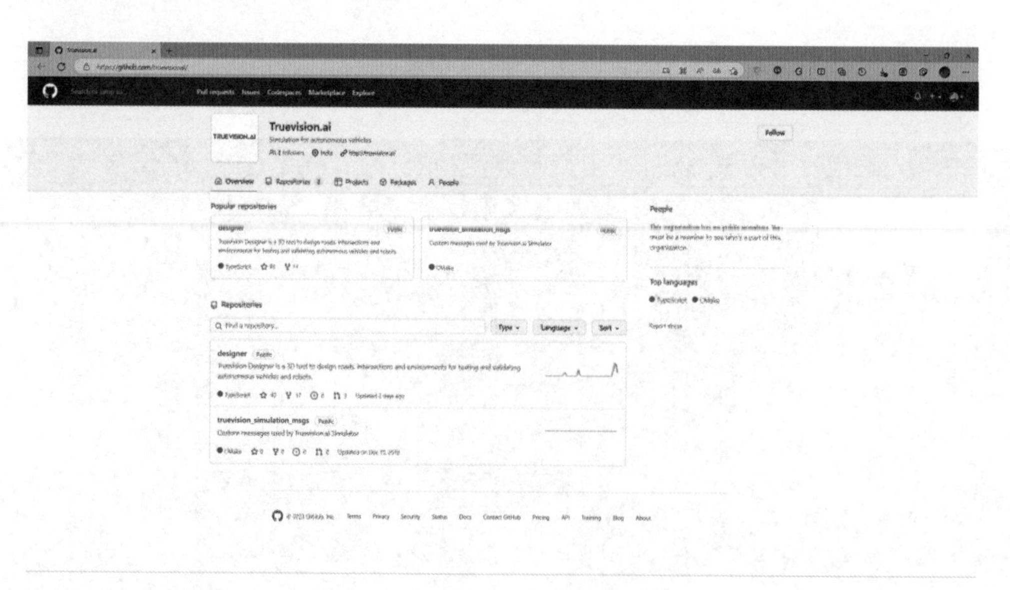

图 7-21　软件源码下载示意图

实验作业

1. 查找 2～4 个 OpenDRIVE 样例文件，查看文件内容，比较它们的相同点和不同点。
2. 在 Truevision 中进行 OpenDRIVE 文件地图的可视化。

参考网站

[1] OpenDRIVE 格式规范：http://www.opendrive.org

[2] 自动化及测量系统标准协会（association for standardization of automation and measuring systems，ASAM），https://www.asam.net/standards

[3] Truevision 开源软件工具：https://www.truevision.ai/

实验 8

挑战代码——制作智能小车

实验目的

1. 了解 Arduino 开源硬件平台基础知识；
2. 理解如何利用多种传感器来控制小车的运动。

实验内容

1. 利用 Arduino UNO 电路板及 L293D 驱动模块驱动小车运动；
2. 利用摇杆来控制小车的运动状态；
3. 利用手势识别模块来控制小车的运动状态。

预备知识

1. Arduino 开源硬件平台

Arduino 开源平台诞生于 2005 年，该平台由硬件和软件两部分组成。硬件是一块具有简单输入、输出功能的可编程控制器，如 Arduino UNO 电路板（见图 8-1），也称为开发板；软

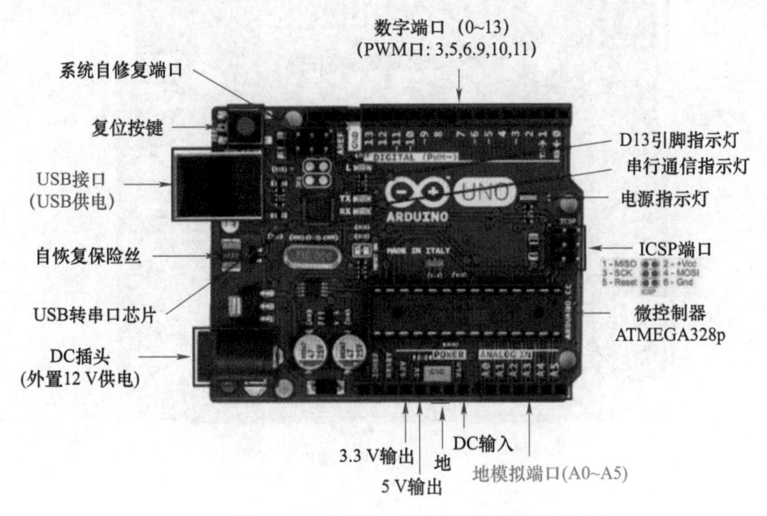

图 8-1　Arduino UNO 电路板

件是装在计算机上的集成开发环境，也称为 Arduino IDE。Arduino UNO 电路板通过 USB 连接线和计算机上的 Arduino IDE 进行通信，用户在 Arduino IDE 中编写程序代码（C 语言），编译成二进制文件，将程序下载到 Arduino UNO 电路板，然后 Arduino UNO 电路板就会执行程序所规定的操作。Arduino 发展速度很快，型号较多，本实验使用 Arduino UNO 电路板。

Arduino UNO 电路板可以通过两种方式供电，一种方式是通过 USB 供电，另一种是通过外接 6～12 V 的 DC 电源供电。Arduino UNO 的处理核心是 ATMEGA328P。它有 14 个数字输入/输出引脚，可由程序自己定义为输入或者输出，还有晶体振荡器、USB 口、电源插座、ICSP 接头和复位按钮等，主要的引脚如下。

Power 引脚：开发板可提供 3.3 V 和 5 V 电压输出，Vin 引脚可用于从外部电源为开发板供电。

Analog In 引脚：模拟输入引脚，开发板可读取外部模拟信号，A0～A5 为模拟输入引脚。

Digital 引脚：数字引脚，用于读取逻辑值（0 或 1），或者作为数字输出引脚来驱动外部模块。UNO 拥有 14 个数字 I/O 引脚（数字端口 0～13），其中 6 个可用于 PWM（脉宽调制）输出。

ON：电源指示灯，正常通电时指示灯会被点亮。

TX 和 RX 引脚：标有 TX（发送）和 RX（接收）的两个引脚用于串口通信。其中标有 TX 和 RX 的 LED 灯连接相应引脚，在串口通信时会以不同速度闪烁。

13 引脚：开发板标记第 13 引脚，连接板载 LED 灯，可通过控制 13 引脚来控制 LED 灯的亮灭，可辅助检测开发板是否正常。

2. L293D 驱动模块（扩展板）

L293D 驱动模块也称为扩展板，是插接在 Arduino UNO 电路板上使用的。它可以控制 4 路电动机，2 路 PWM 控制端可以控制 2 个舵机。其电流为 0.6 A（峰值 1.2 A），带热关断保护，工作电压为 4.5～12 V。在使用中，芯片容易发热，可以加装散热片。使用扩展板时，需要先将 AFMotor 库安装到 Arduino IDE 中。L293D 驱动模块如图 8-2 所示。

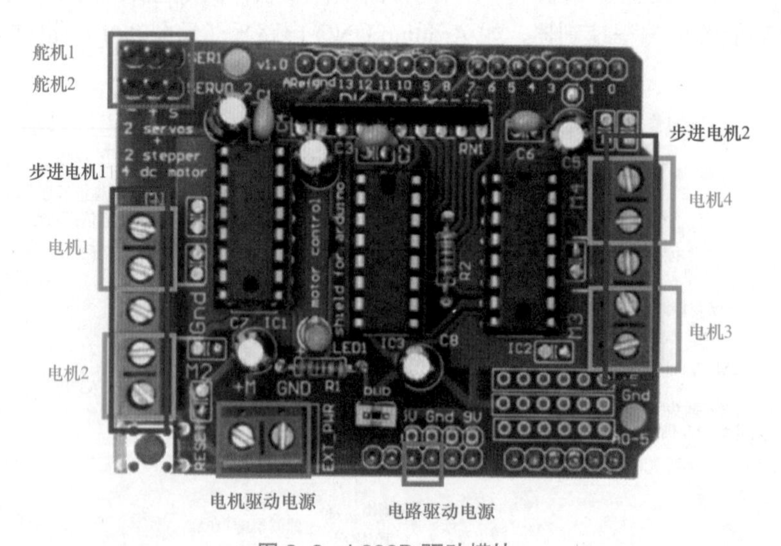

图 8-2　L293D 驱动模块

在编写程序进行开发测试时，Arduino 的供电来源于开发的计算机，但由于电机运行所需的电源功率远远超过 Arduino 能提供的电源功率，Arduino 无法为电机提供充足的电源供应。此时，我们就需要在扩展板的外接电源端口接上直流电源来为电机供电。在这种情况下，扩展板上的跳线一定要移除，否则可能会损坏 Arduino 开发板及扩展板。

完成开发后，在正常工作状态下，Arduino 开发板是不会与计算机通过 USB 数据线进行连接的，这时我们就要通过扩展板上外接电源端口同时为扩展板和 Arduino 供电。当使用外接电源同时为 Arduino 和扩展板供电时，扩展板上的跳线必须安置在插针上，否则 Arduino 无法工作。

3. 传感器

Arduino 能通过各种各样的传感器来感知、反馈、影响环境。传感器（transducer 或 sensor），是能感受到被测量的信息，并能将信息变换成电信号或其他所需形式的信息输出，以满足信息的传输、处理、存储、显示、记录和控制等要求的检测装置。传感器具有微型化、数字化、智能化、多功能化、系统化、网络化等特点，是实现自动检测和自动控制的重要部件。

人们为了从外界获取信息，必须借助感觉器官。传感器是人类五官的延长，常见传感器的功能有：光敏传感器——视觉；声敏传感器——听觉；气敏传感器——嗅觉；化学传感器——味觉；压敏、温敏、流体传感器——触觉。本实验使用手势传感器来控制小车的运动，还可以使用更多类型的传感器来进行实验。

基于硬件的程序开发和运行，需要在理解工作原理、符合规范要求的前提下多动手操作。Arduino 开发板及关联产品体积小巧、价格便宜、功能强大，是很好的实验工具。

实验步骤

1. 实验 8.1 利用 Arduino UNO 电路板及 L293D 驱动模块驱动小车运动

1）部件的连接

将 Arduino UNO 电路板、L293D 驱动模块、电源及与小车运动相关的各零部件通过杜邦线连接起来。同时，在开发使用的计算机中，将 AFMotor 库命名为 AFMotor 文件夹，复制到 Arduino 的库文件中。Arduino UNO 电路板、L293D 驱动模块、电源及小车的连接如图 8-3 所示，将 AFMotor 库命名为 AFMotor 文件夹，复制到 Arduino 的库文件中如图 8-4 所示。

图 8-3 Arduino UNO 电路板、L293D 驱动模块、电源及小车的连接

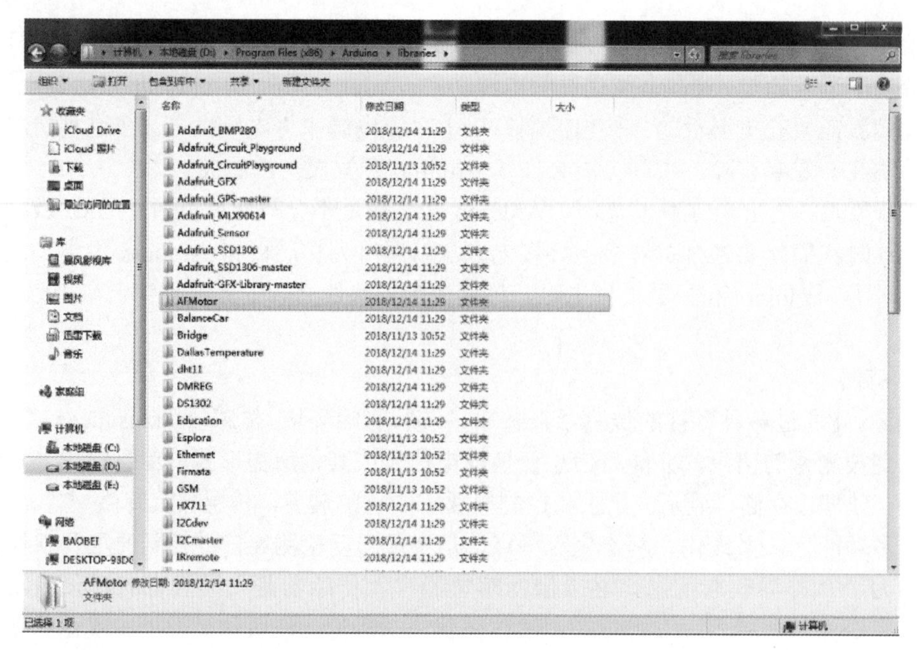

图 8–4　将 AFMotor 库命名为 AFMotor 文件夹，复制到 Arduino 的库文件中

2）理解代码，运行程序

在 Arduino IDE 中运行实验 8.1 的代码，观察小车的运动状态。

2. 实验 8.2 利用摇杆来控制小车的运动状态

1）摇杆

摇杆电路模块有 4+2 个按钮开关，1 个摇杆（带开关），带蓝牙模块接口和无线发射接收模块接口（2.4 GHz）。黄色插针是各开关和摇杆信号输出接口。信号电平可以在 3.3 V 和 5 V 之间切换。摇杆如图 8–5 所示。

图 8–5　摇杆

2）数据通信

通过 TTL 串口进行 Arduino 与计算机间的数据通信。在手持端操作按键开关，自定义向串口发送命令（ASCII 码）。控制小车行走命令如表 8–1 所示。

表 8-1 控制小车行走命令

F	小车前进	B	小车后退
L	小车向左，右侧齿轮向前转，左侧车轮不转	R	小车向右，左侧齿轮向前转，右侧车轮不转
S	小车停止		

3）编程

通过对遥控端和小车端分别编程，实现摇杆对小车状态的控制。遥控端和小车端的控制程序如表 8-2 所示。

表 8-2 遥控端和小车端的控制程序

遥控端

```
void setup(void)
{
  …
//设置串口通信 9600 波特率
Serial.begin(9600);
}

void loop(void)
{
  //Serial.print(" 前进键 = ");
  if (digitalRead(3) == LOW)
  {
    Serial.print( " F " );
  }
  //Serial.print(" 后退键 = ");
  if (digitalRead(5) == LOW)
  {
    Serial.print( " B " );
  }
  //Serial.print(" 向左转 = ");
  if (digitalRead(2) == LOW)
  {
    Serial.print( " L " );
  }
  //Serial.print(" 向右转 = ");
  if (digitalRead(4) == LOW)
  {
    Serial.print( " R " );
  }
  //Serial.print(" 停车 = ");
  if (digitalRead(8) == LOW)
```

小车端

```
#include <AFMotor.h>
…
void setup() {
  Serial.begin(9600);
  …
}

void loop() {
  //蓝牙串口遥控
  ic = Serial.readBytes(buffer, 1);
  command = buffer [0];

  switch (command)
  {
    case 'F':
      lcd.setCursor(0, 1);
      lcd.print( " Wheel Forward.      " );
      AMotor.run(FORWARD);
      BMotor.run(FORWARD);
      CMotor.run(FORWARD);
      DMotor.run(FORWARD);
      break;
    case 'B':
      lcd.setCursor(0, 1);
      lcd.print( " Wheel Backward.     " );
      …
      break;
    case 'L':
      lcd.setCursor(0, 1);
      lcd.print( " Car Left.           " );
      …
```

续表

遥控端	小车端

``
  {
    Serial.print(" S ");
  }
  delay(30);
}
``
	``
	      break;
	    case 'R':
	      lcd.setCursor(0, 1);
	      lcd.print(" Car Right. ");
	     …
	      break;
	    case 'S':
	      lcd.setCursor(0, 1);
	      lcd.print(" Car Stop. ");
	      …
	      break;
	  }
	  else
	  {
	  }
	}
	``

3. 实验 8.3 利用手势识别模块来控制小车的运动状态

1）手势识别模块

利用 PAJ7620U2 手势识别模块控制小车的运动状态。PAJ7620U2 手势识别模块使用 3.3～5 V 工作电压，I^2C 接口，检测距离为 50～100 mm，可以识别 9 种手势，如图 8-6 所示，手势识别代码表如表 8-3 所示。

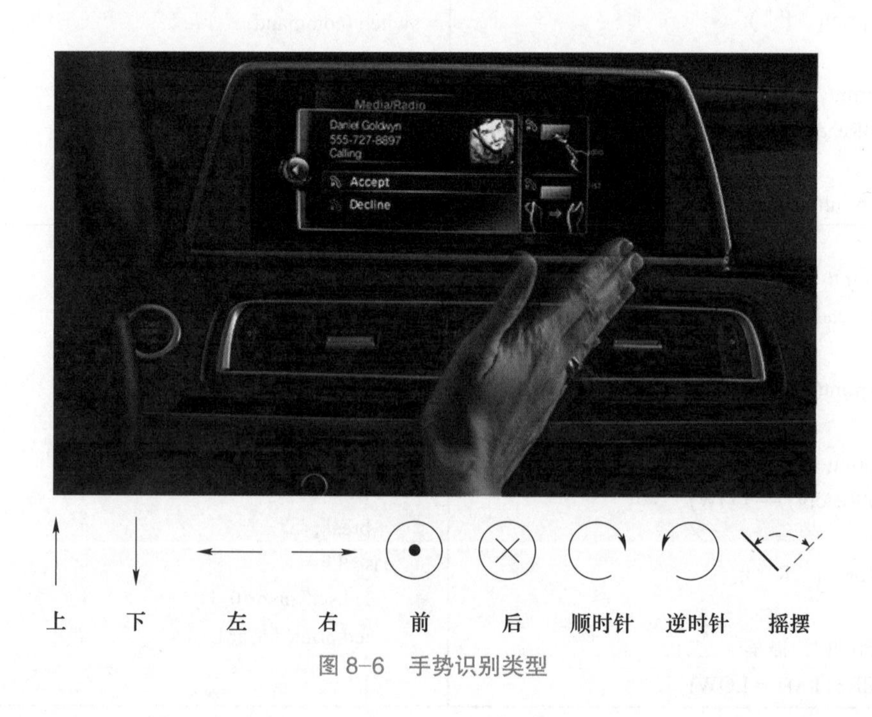

图 8-6　手势识别类型

表 8-3 手势识别代码表

识别代码	识别符	结果应用
1	Forward	向前
2	Backward	向后
3	Right	向右
4	Left	向左
1	Up	向前
2	Down	向后
4	Clockwise	向左
3	anti - clockwise	向右
	wave	为……定义

2）编程

使用手势识别模块时，需要将 PAJ7620 库文件安装到 Arduino IDE 中。运行实验 8.3 的程序，观察小车的运动状态。最后，将程序从电脑传到 Arduino 中。

理解代码

本实验文件中的主要代码和语句说明。

```
// 实验 8.1 的示例代码
#include <AFMotor.h>
AF_DCMotor AMotor(1);
AF_DCMotor BMotor(2);
AF_DCMotor CMotor(3);
AF_DCMotor DMotor(4);
int pos = 0;
char buffer [1], command;
int ic=0;

void setup() {
  Serial.begin(9600);

  AMotor.setSpeed(200);   //设置电机速度，参数范围 0～255
  BMotor.setSpeed(200);
  CMotor.setSpeed(200);
  DMotor.setSpeed(200);

  AMotor.run(RELEASE);   //电机停止转动
  BMotor.run(RELEASE);
  CMotor.run(RELEASE);
  DMotor.run(RELEASE);
}
```

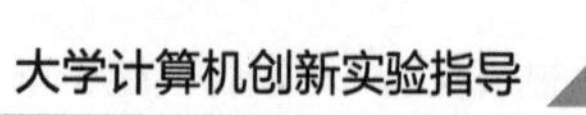

```
void loop() {
  if (Serial.available())
  {
    ic = Serial.readBytes(buffer, 1);
    command = buffer [0];

    AMotor.run(RELEASE);
    BMotor.run(RELEASE);
    CMotor.run(RELEASE);
    DMotor.run(RELEASE);
    switch (command)
    {
      case 'F':
        AMotor.run(FORWARD);    //前进
        BMotor.run(FORWARD);
        CMotor.run(FORWARD);
        DMotor.run(FORWARD);
        break;
      case 'B':
        AMotor.run(BACKWARD);    //后退
        BMotor.run(BACKWARD);
        CMotor.run(BACKWARD);
        DMotor.run(BACKWARD);
        break;
      case 'L':
        AMotor.run(FORWARD);
        //BMotor.run(FORWARD);
        //CMotor.run(FORWARD);
        DMotor.run(FORWARD);
        break;
      case 'R':
        //AMotor.run(FORWARD);
        BMotor.run(FORWARD);
        CMotor.run(FORWARD);
        //DMotor.run(FORWARD);
        break;
      case 'S':
        AMotor.run(RELEASE);    //停止
        BMotor.run(RELEASE);
        CMotor.run(RELEASE);
        DMotor.run(RELEASE);
        break;
      default:
        AMotor.run(RELEASE);
        BMotor.run(RELEASE);
        CMotor.run(RELEASE);
        DMotor.run(RELEASE);
    }
  }
```

```
}


// 实验 8.2 的示例代码
void setup(void)
{
pinMode(2, INPUT);          //ABCD 四路按钮开关信号
   digitalWrite(2, HIGH);
   pinMode(3, INPUT);
   digitalWrite(3, HIGH);
   pinMode(4, INPUT);
   digitalWrite(4, HIGH);
   pinMode(5, INPUT);
   digitalWrite(5, HIGH);
   pinMode(6, INPUT);        // EF 两四路按钮开关信号
   digitalWrite(6, HIGH);
   pinMode(7, INPUT);
   digitalWrite(7, HIGH);
   pinMode(8, INPUT);         //摇杆按钮开关信号
   digitalWrite(8, HIGH);
   Serial.begin(9600);         //设置串口通信 9600 波特率
}
// PIN 号固定。

void loop(void)
{
   Serial.print( "  X 轴 =  " );
   Serial.print(analogRead(1));       //读取摇杆 Y 轴的值，串口显示
   Serial.print( " , " );
   Serial.print( "  Y 轴 =  " );
   Serial.print(analogRead(0));       //读取摇杆 X 轴的值，串口显示
   Serial.print( " , " );
   Serial.print( "  摇杆按钮 =  " );
   Serial.print(digitalRead(8));
   //读按键值，串口显示

   Serial.print( "  上按键 =  " );
   Serial.print(digitalRead(5));
   Serial.print( "  下按键 =  " );
   Serial.print(digitalRead(3));

   Serial.print( "  左按键 =  " );
   Serial.print(digitalRead(4));
   Serial.print( "  右按键 =  " );
   Serial.print(digitalRead(2));

   Serial.print( "  按钮 1 =  " );
   Serial.print(digitalRead(7));
   Serial.print( "  按钮 2 =  " );
   Serial.println(digitalRead(6));
```

```
    delay(100);
}

// 实验 8.3 的示例代码
#include <Wire.h>
#include " paj7620.h "
//手势反应时间小于 0.8 秒。可以根据实际情况调整反应时间
#define GES_REACTION_TIME           500
#define GES_ENTRY_TIME              800
#define GES_QUIT_TIME               1000

void setup()
{
        uint8_t error = 0;
        Serial.begin(9600);
        Serial.println( " \nPAJ7620U2 TEST DEMO: Recognize 9 gestures. " );
        error = paj7620Init();// 初始化 Paj7620
        if (error)
        {
                Serial.print( " 初始化错误，代码： " );
                Serial.println(error);
        }
        else
        {
                Serial.println( " 初始化完成。 " );
        }
        Serial.println( " 手势识别开始：\n " );
}

// 以下是手势识别过程
flag1 = 0;
      //手势识别
      if (flag2 == 0) {
        //lcd.clear();
        //lcd.print( " Gesture control! " );
        //lcd.setCursor(0, 1);
        //lcd.print( " 2018.10.23       " );
        flag2 = 1;
      }

      uint8_t data = 0;
PAJ7620ReadReg(0x43, 1, &data);
// Read Bank_0_Reg_0x43/0x44 for gesture result.

switch (data)
      {
        case GES_RIGHT_FLAG:
          delay(PAJ7620_Delay);
          PAJ7620ReadReg(0x43, 1, &data);
          if (data == GES_FORWARD_FLAG)
```

```
        {
          //Serial.println( " Forward " );
          delay(PAJ7620_Delay);
          shoushi = 2;
        }
        else if (data == GES_BACKWARD_FLAG)
        {
          //Serial.println( " Backward " );
          delay(PAJ7620_Delay);
          shoushi = 1;
        }
        else
          //Serial.println( " Right " );
          shoushi = 3;
        break;

      case GES_LEFT_FLAG:
        delay(PAJ7620_Delay);
        PAJ7620ReadReg(0x43, 1, &data);
        if (data == GES_FORWARD_FLAG)
        {
          //Serial.println( " Forward " );
          delay(PAJ7620_Delay);
          shoushi = 2;
        }
        else if (data == GES_BACKWARD_FLAG)
        {
          //Serial.println( " Backward " );
          delay(PAJ7620_Delay);
          shoushi = 1;
        }
        else
          //Serial.println( " Left " );
          shoushi = 4;
        break;

      case GES_UP_FLAG:
        delay(PAJ7620_Delay);
        PAJ7620ReadReg(0x43, 1, &data);
        if (data == GES_FORWARD_FLAG)
        {
          //Serial.println( " Forward " );
          delay(PAJ7620_Delay);
          shoushi = 2;
        }
        else if (data == GES_BACKWARD_FLAG)
        {
          //Serial.println( " Backward " );
          delay(PAJ7620_Delay);
          shoushi = 1;
```

```
    }
    else
        //Serial.println( " Up " );
        shoushi = 1;
    break;

case GES_DOWN_FLAG:
    delay(PAJ7620_Delay);
    PAJ7620ReadReg(0x43, 1, &data);
    if (data == GES_FORWARD_FLAG)
    {
        //Serial.println( " Forward " );
        delay(PAJ7620_Delay);
        shoushi = 2;
    }
    else if (data == GES_BACKWARD_FLAG)
    {
        //Serial.println( " Backward " );
        delay(PAJ7620_Delay);
        shoushi = 1;
    }
    else
        //Serial.println( " Down " );
        shoushi = 2;
    break;

case GES_FORWARD_FLAG:
    //Serial.println( " Forward " );
    delay(PAJ7620_Delay);
    shoushi = 2;
    break;

case GES_BACKWARD_FLAG:
    //Serial.println( " Backward " );
    delay(PAJ7620_Delay);
    shoushi = 1;
    break;

case GES_CLOCKWISE_FLAG:
    //Serial.println( " Clockwise " );
    shoushi = 3;
    break;

case GES_COUNT_CLOCKWISE_FLAG:
    //Serial.println( " anti - clockwise " );
    shoushi = 4;
    break;

default:
    PAJ7620ReadReg(0x44, 1, &data);
```

```
        if (data == GES_WAVE_FLAG)
            //Serial.println( " wave " );
            break;
    }
    //delay(100);

    //AMotor.run(RELEASE);
    //BMotor.run(RELEASE);
    //CMotor.run(RELEASE);
    //DMotor.run(RELEASE);

    switch (shoushi)
    {
      case 1:
        lcd.setCursor(0, 1);
        lcd.print( " Wheel Forward.       " );
        AMotor.run(FORWARD);
        BMotor.run(FORWARD);
        CMotor.run(FORWARD);
        DMotor.run(FORWARD);
        break;

      case 2:
        lcd.setCursor(0, 1);
        lcd.print( " Wheel Backward.    " );
        AMotor.run(BACKWARD);
        BMotor.run(BACKWARD);
        CMotor.run(BACKWARD);
        DMotor.run(BACKWARD);
        break;

      case 4:
        lcd.setCursor(0, 1);
        lcd.print( " Car Left.                " );
        AMotor.run(FORWARD);
        //BMotor.run(FORWARD);
        //CMotor.run(FORWARD);
        DMotor.run(FORWARD);

        //AMotor.run(RELEASE);
        BMotor.run(RELEASE);
        CMotor.run(RELEASE);
        //DMotor.run(RELEASE);
        break;

      case 3:
        lcd.setCursor(0, 1);
        lcd.print( " Car Right.               " );
        //AMotor.run(FORWARD);
        BMotor.run(FORWARD);
```

```
        CMotor.run(FORWARD);
        //DMotor.run(FORWARD);

        AMotor.run(RELEASE);
        //BMotor.run(RELEASE);
        //CMotor.run(RELEASE);
        DMotor.run(RELEASE);
        break;

      default:
        lcd.setCursor(0, 1);
        lcd.print( " Stop.                    " );
        AMotor.run(RELEASE);
        BMotor.run(RELEASE);
        CMotor.run(RELEASE);
        DMotor.run(RELEASE);
  }
}
```

实验作业

在完成上述小车实验的基础上，增加传感器，例如红外线、超声波、激光、摄像头等传感器，来实现小车的巡线或避障等功能，最后撰写实验报告。

参考网站

[1] Arduino 开发者社区：https://www.arduino.cn/

[2] 教学视频：中国大学 MOOC——北京交通大学“大学计算机创新实验”：https://www.icourse163.org/learn/NJTU-1450813184

实验 9

虚拟仿真——无人驾驶的虚拟仿真测试

实验目的

1. 了解无人驾驶虚拟仿真测试功能；
2. 通过虚拟仿真环境，体验无人驾驶仿真测试。

实验内容

在虚拟仿真环境里开展无人驾驶仿真测试：

1. 熟悉虚拟仿真系统的启动方法和工作流程，了解 Dreamview 交互系统；
2. 了解 Sim_Control 模块的仿真调试方法。

预备知识

1. 无人驾驶技术

无人驾驶技术是人工智能领域的重要研究方向，也是当前智能出行领域的热点。它可有效提高交通安全和整个交通系统的效率，减少交通事故，并为人们提供更加舒适、方便的出行体验。全球每年因交通事故造成的经济损失约 6 000 亿美元，而无人驾驶技术可以减少交通事故，降低事故损失，为社会带来巨大的经济效益。此外，无人驾驶还可以提高整个交通系统的效率，例如通过减少车流堵塞和节约燃料资源来减少碳排放量。但是，无人驾驶算法需要达到极高的可靠性才能保证无人驾驶汽车的安全出行，而这离不开大量的实际道路驾驶测试，简称路测。无人驾驶路测车队如图 9-1 所示。有研究表明，无人驾驶算法想要实现高可靠性，达到“类人”水平，需要累计超过 177 亿 km 的行驶数据。同时，无人驾驶在交通法规和保险理赔机制等方面也存在缺失，这极大地限制了无人驾驶汽车路测工作的开展。另外，在实际道路行驶过程中，还存在着极端交通条件和危险场景，这些偶发现象复现困难，而且测试存在安全隐患等问题，进一步制约了无人驾驶汽车路测进程的推进。

图 9–1　无人驾驶路测车队

2. 虚拟仿真技术

虚拟仿真又称虚拟现实（virtual reality，VR）技术，是一种用计算机生成的虚拟世界来模拟真实物体和环境的技术。它融合了计算机视觉、视觉心理学、视觉生理学、计算机图形学、图像处理与模式识别技术、传感与测量技术、语音识别与合成技术、多媒体技术、人工智能技术、网络通信技术等多门科学，利用三维建模、物理动力学、数值计算、人工智能等技术手段，通过仿真的形式创建一个能够实时反映实体对象变化和相互作用的虚拟世界，使人沉浸在它合成的三维环境中进行体验和学习。

虚拟仿真技术主要可以分为交互式虚拟仿真技术和非交互式虚拟仿真技术两种类型。其中，交互式虚拟仿真技术是指用户能够直接与仿真环境进行交互，通过操控设备或者人体动作实现，如手柄、手套、体感设备等。这种技术通常用于游戏、培训和模拟演练等场景。虚拟仿真技术如图 9–2 所示。非交互式虚拟仿真技术则是指用户不能直接与仿真环境进行交互，只能作为观察者观看环境，如虚拟现实电影、3D 模型的展示、医学仿真等。

图 9–2　虚拟仿真技术

虚拟仿真技术可以对真实环境进行模拟，让人们体验到真实环境中不容易或者不能安全实现的事情，同时可以降低相关成本，提高工作效率，具有广泛的应用前景。

3. 虚拟仿真在无人驾驶领域的应用

虚拟仿真技术的快速发展为无人驾驶技术的发展提供了新的突破口。研究人员尝试将路测由实转虚，在虚拟的场景下开展“路测”，为无人驾驶汽车提供试错空间，这样可有效缩短测试实际消耗时间，大大节约测试用成品车成本，降低测试期间的安全风险，快速验证相关算法的有效性，提高测试效率和范围。

虚拟仿真技术在无人驾驶领域的应用主要包括场景建模和场景测试、驾驶行为模拟、自动化测试和自动化评估等方面，如图 9-3 所示。通过三维建模等技术，虚拟仿真技术可以将真实驾驶场景还原到计算机环境中，并对路网、建筑物、道路标志等进行精细化的构建和调整，从而实现对无人驾驶系统的各项功能进行测试和验证。此外，还可以通过开发车辆控制算法和感知算法，对无人驾驶车辆的行驶行为进行模拟和优化，并通过自动化测试和自动化评估技术，进行性能和安全性评估和改进。

图 9-3　虚拟仿真技术在无人驾驶领域的应用模拟

4. 无人驾驶仿真测试

无人驾驶仿真测试是一种通过虚拟仿真技术，对无人驾驶车辆进行测试和验证的方法。它将现实场景、传感器和控制算法等信息输入仿真平台中，使其可以在虚拟环境下进行评估和测试。无人驾驶虚拟交通场景示例如图 9-4 所示。

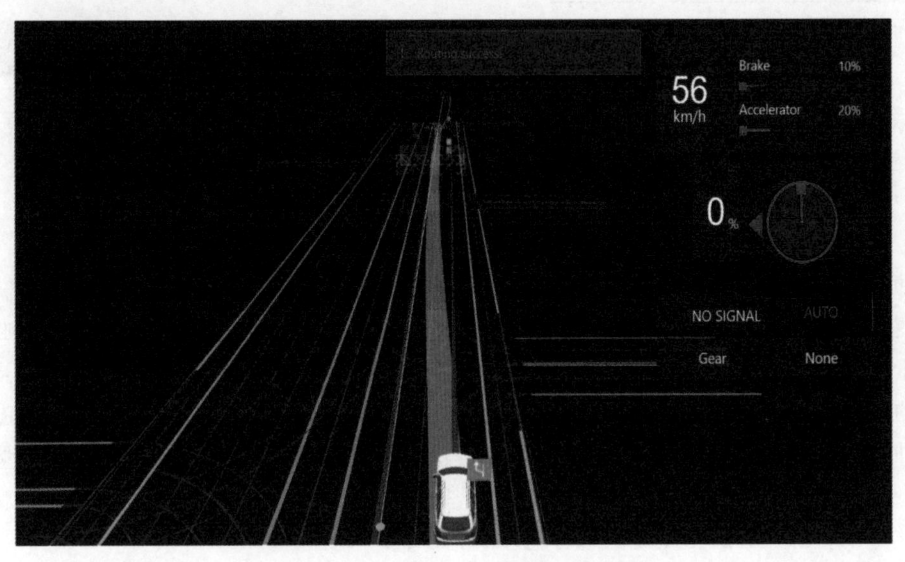

图 9-4　无人驾驶虚拟交通场景示例

无人驾驶仿真测试主要通过构建虚拟交通场景，实现无人驾驶定位、感知、融合、决策、规划、预测和控制等算法的闭环仿真测试，从而能够测试其在不同场景下的自主驾驶能力。通过虚拟仿真技术，可以建立不同类型、不同复杂度的场景，尤其是那些现实生活中较为复杂和危险的场景。这不仅提高了测试效率和准确性，还能降低测试成本和安全风险。因此，评估无人驾驶系统算法的最重要标准之一就是测试其在足够多场景下的自主驾驶能力，覆盖范围越广，无人驾驶汽车可行驶的边界就越宽，适应性也更强。

5. 无人驾驶开源仿真测试平台

目前无人驾驶仿真测试技术已经较为成熟，仿真环境变得越来越多样化、真实化，能够有效地验证无人驾驶车辆的性能和安全性。以 Gazebo、Webots、CARLA 和 Apollo 等为代表的众多开源和商业化仿真测试平台，都在持续积极改进和更新自身技术，以适应无人驾驶技术的不断发展。

本实验以国内开源平台——百度的 Apollo 为例，对无人驾驶开源仿真平台功能进行简要介绍。百度 Apollo 自动驾驶算法架构图如图 9-5 所示。Apollo 是一个完整的开源无人驾驶软件平台，主要包括感知、规划、控制和仿真测试 4 个模块。感知模块用于无人车周围环境的感知和理解；规划模块用于根据当前的感知信息，规划车辆的行驶路径；控制模块用于实现无人驾驶车辆的精确控制；仿真测试模块用于进行无人驾驶车辆的仿真测试和评估，该模块基于高度真实的三维仿真环境，能够模拟各种驾驶场景和异常情况，对无人驾驶系统的性能和安全性进行测试和验证。

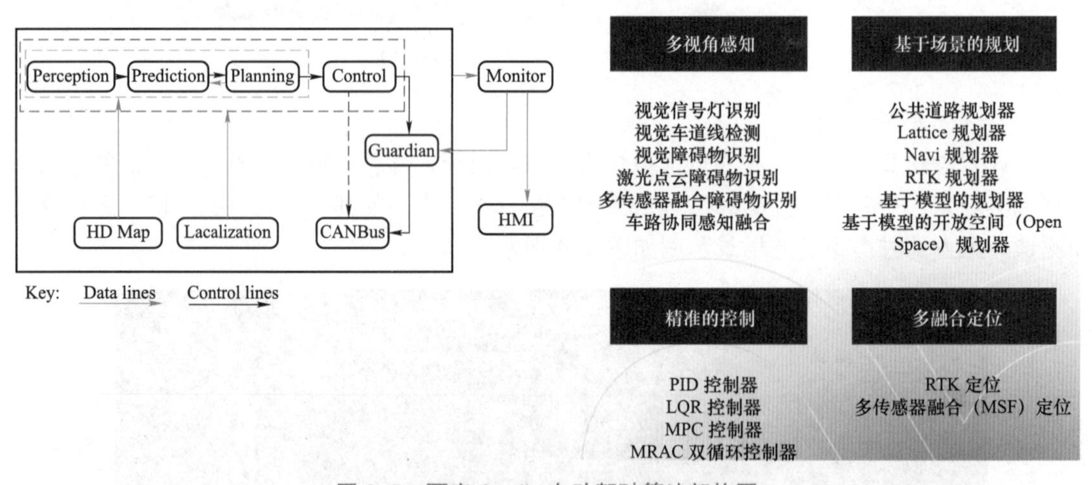

图 9-5　百度 Apollo 自动驾驶算法架构图

感知方面，Apollo 采用的是多视角的感知架构，提供基于视觉的信号灯探测，车道线识别，障碍物识别，同时还提供激光点云障碍物识别，以及多传感器和车路协同的感知融合。基于场景的规划，它可提供如 Lattice、Navi、公共道路等规划器，此外还提供了基于机器学习模型的公共道路规划器和开放空间规划器。在控制上，除了提供常见的 PID、LQR、MPC 控制器外，还提供了 MRAC 双循环控制器，提供了更快、更精准的转向控制，能实现诸如高速情况下的连续超车控制。最后是定位，除了基础的 RTK 定位，Apollo 还提供基于激光雷达点云特征、GNSS、IMU 三者数据融合的多传感器融合定位。

在实时通信方面，Apollo 使用的是 Cyber RT 框架，它有以下优点：① 简易的部署体验，不用关注其调度机制与通信机制，就能提供非常好的实时性与可靠性，且不需要复杂的配置。② 提供了可视化诊断工具，加速无人驾驶开发。③ 专为无人驾驶设计组件模块，简化无人驾驶应用搭建时间。

Cyber RT 的运行流程如图 9–6 所示，它通过 Component 来封装每个算法模块，通过有向无环图（DAG）来描述 Components 之间的逻辑关系。对于每个算法模块也有其优先级、运行时间、使用资源等方面的配置。系统启动时，结合 DAG、调度配置等创建相应的任务，图中的调度器把任务放到各个处理器的队列中。最后根据传感器输入的数据来驱动整个系统运转。

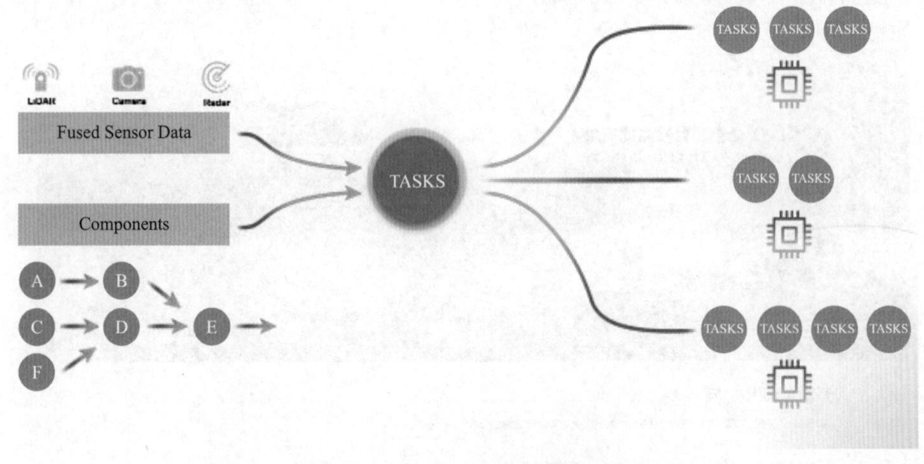

图 9–6　Cyber RT 的运行流程

Apollo Studio 是 Apollo 平台为无人驾驶开发者提供的一个集数据管理、模型训练、仿真测试和运营监控于一体的云服务平台，拥有大规模场景数据，具有日行百万公里的虚拟运行能力，可提供在线镜像环境，模拟无人驾驶的各项功能，实现快速实践的目的，从而有效提高开发效率和数据安全性，帮助开发者更好地进行无人驾驶系统的研发和应用。Apollo 平台界面示例如图 9–7 所示。

图 9–7　Apollo 平台界面示例

本实验以 Apollo Studio 平台为实验环境，在线体验无人驾驶仿真平台的相关功能。

实验步骤

1. 登录实验系统

打开桌面上的浏览器（如 Chrome、Edge、火狐、360 极速浏览器等），在地址栏输入网址：https://apollo.baidu.com/，并通过百度账号登录 Apollo Studio 平台。Apollo Studio 首页如图 9-8 所示。

图 9-8 Apollo Studio 首页

2. 查看云端仿真场景库

单击页面右上角的“工作台”，进入个人管理后台，单击左侧栏“仿真>场景管理>系统场景”，即可查看 Apollo 自带的典型无人驾驶仿真场景，也可根据自己的需求通过场景编辑器编辑个人场景。通过场景集可自由组合所有场景（含系统场景和个人场景），完成场景集设置后即可将其嵌入云端仿真平台（或安装至本地仿真容器）进行仿真测试。Apollo Studio 系统场景库如图 9-9 所示。

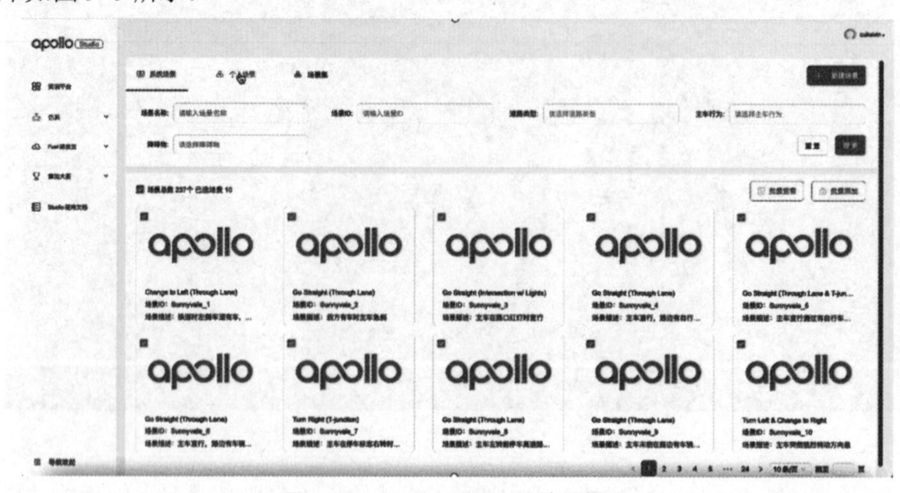

图 9-9 Apollo Studio 系统场景库

3. 进入云实验室

通过首页的“开启 Apollo 之旅”选择“云端体验 Apollo”，进入 Apollo Studio 云实验室。Apollo Studio 云实验室如图 9-10 所示。

图 9-10　Apollo Studio 云实验室

滑动至实验列表界面，选择初级实验。Apollo 云实验列表如图 9-11 所示。

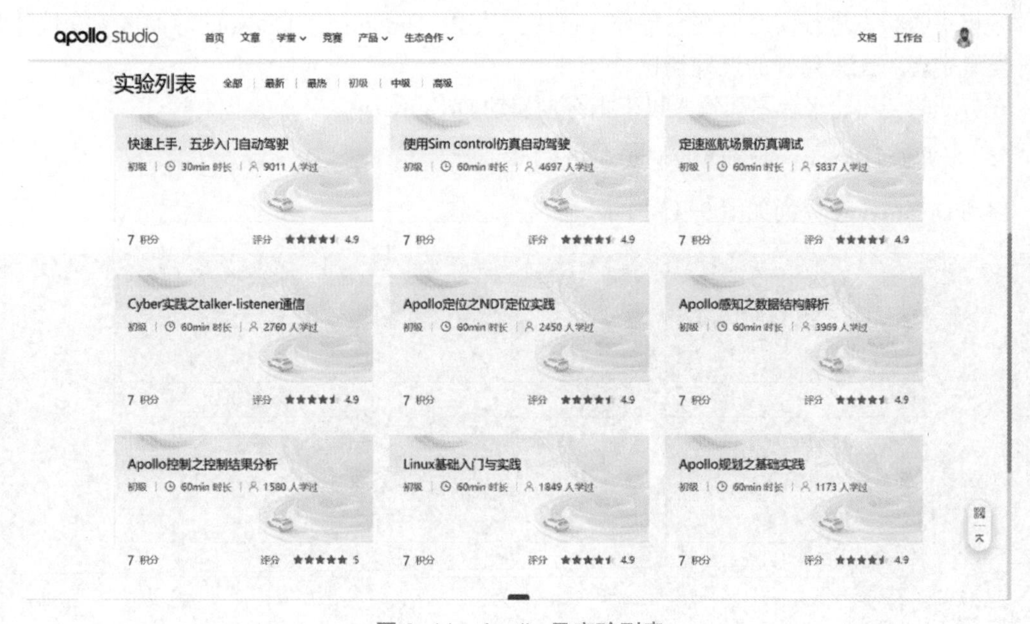

图 9-11　Apollo 云实验列表

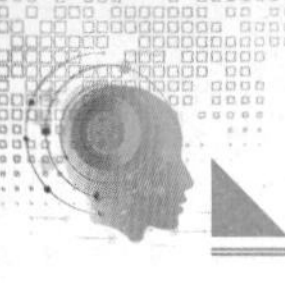

4. 无人驾驶仿真实验

选择“使用 Sim control 仿真自动驾驶”实验，进入实验介绍界面，阅读实验介绍，单击“开始实验”，进入云实验平台。云实验入口及介绍页如图 9–12 所示。

图 9–12　云实验入口及介绍页

Sim_control 通过模拟车辆、地图等信息输入，实现对规划、路由等算法模块的仿真调试，同时 Apollo 提供了 PnC Monitor、Cyber Monitor 等系统调试工具，可以实时监控各模块运行数据，有效提升开发者对无人驾驶软件算法的学习与调试效率。

5. 启动 Dreamview

Dreamview 是 Apollo 提供的可视化交互界面，开发者可通过 Dreamview 对车辆硬件、各驾驶模块的状态进行实时监测与操作。同时提供 PnC monitor、Console 等调试工具快速帮助开发者实现对无人驾驶的过程调试。

在打开的云实验平台界面输入以下指令，启动 Dreamview。

```
$ bash scripts/apollo_neo.sh bootstrap
```

启动 Dreamview 界面如图 9–13 所示。

图 9–13　启动 Dreamview 界面

6. 进入 Sim Control 模式

在上方菜单栏选择“Contest Debug”，车辆型号选择“MkzExample”，地图选择“Sunnyvale”，单击 Tasks，选择“Sim Control”，即可进入仿真模拟控制，如图 9–14 所示。

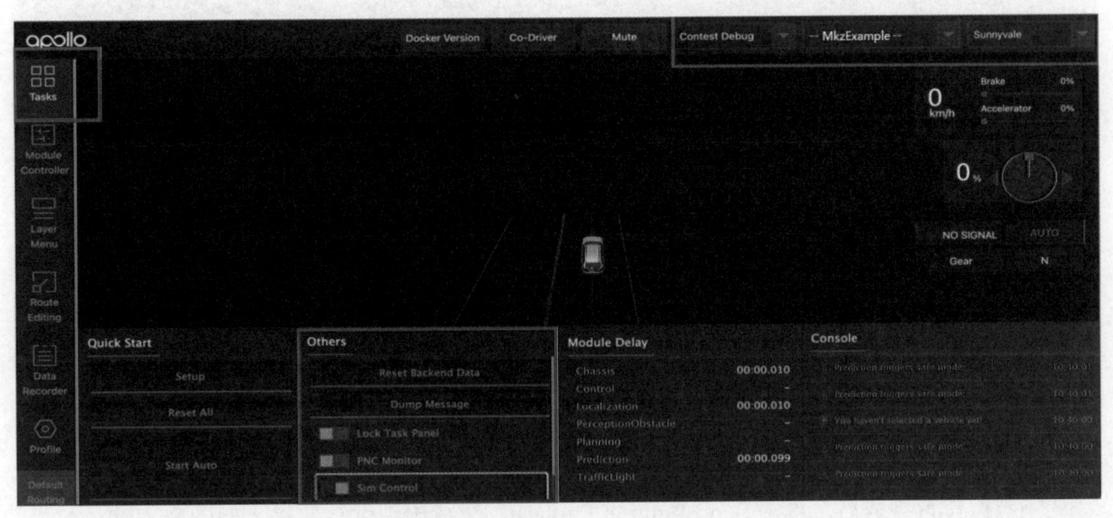

图 9–14　选择 Sim Control 模式

7. 选择调试模块

单击左侧 Module Controller 栏，启动需要调试的模块进程，如图 9–15 所示，选择 Planning、Routing 模块。

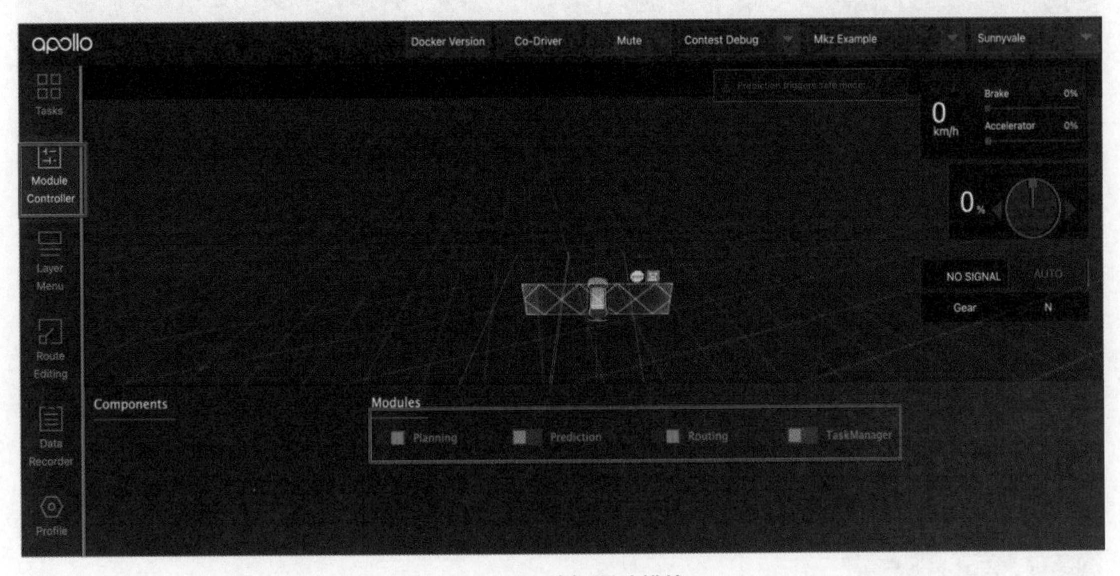

图 9–15　选择调试模块

8. 选择仿真路径

模块启动完成后，单击左侧 Route Editing，拖动、单击鼠标可以在地图中设置车辆行驶路径（起点–终点或起点–途经点–终点）。确定仿真路径如图 9–16 所示。

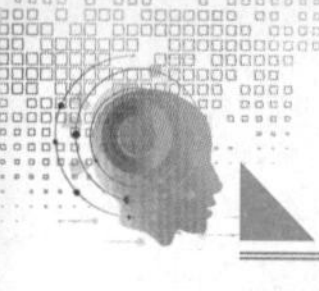

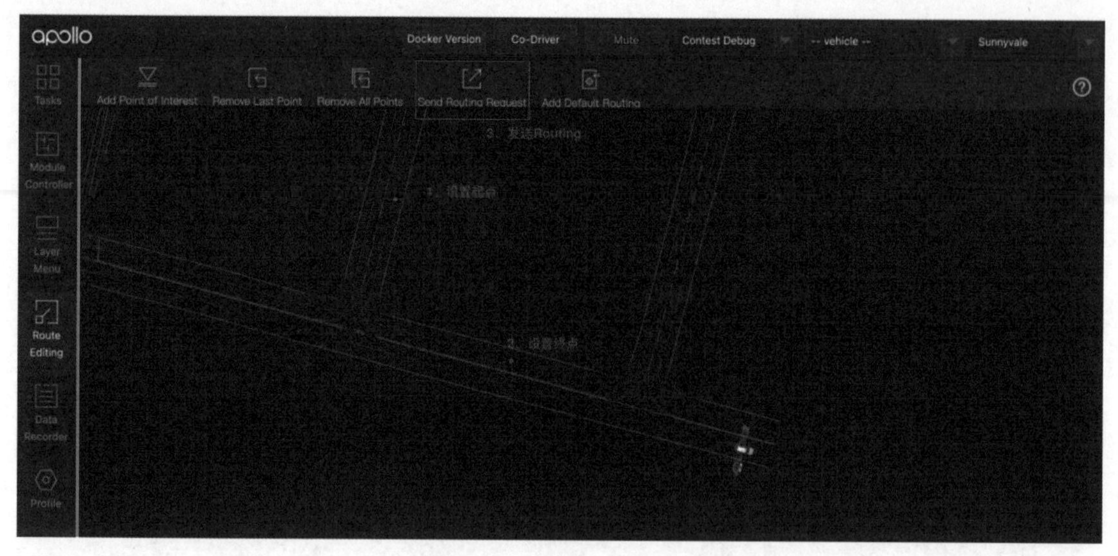

图 9–16　确定仿真路径

9. 查看运行效果

当点位设置完成后，单击 Send Routing Request，等待出现运行效果。如图 9–17 所示，红线是 routing 模块在地图中搜索出的路径，浅蓝色的轨迹是 planning 模块实时规划的局部路径。

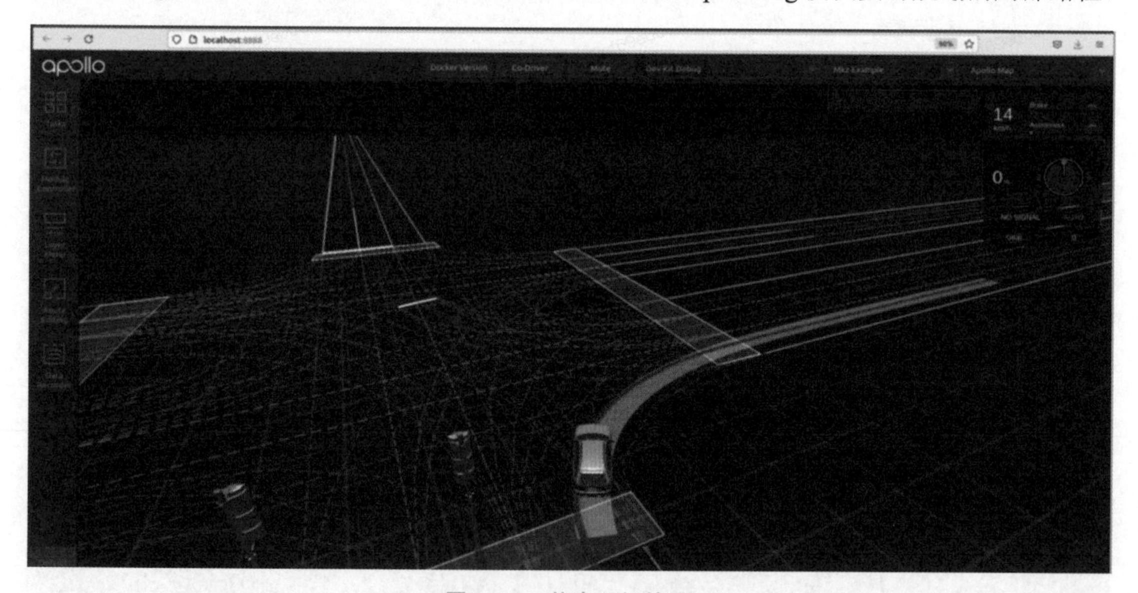

图 9–17　仿真运行效果

实验作业

1. 对 2～3 个国内外无人驾驶开源仿真平台进行调研，对其数据格式、适用任务、主要功能等方面进行总结，并对其优缺点进行对比分析。

2. 在 Apollo Studio 云实验室内体验 1～2 个初级实验，撰写实验报告。

参考网站

Apollo 开发者社区：https://apollo.baidu.com/

参考文献

[1] KALRA N，PADDOCK S M. Driving to safety：how many miles of driving would it take to demonstrate autonomous vehicle reliability?[J]. Transportation research part A：policy and practice，2016，94（12）：182–193.

[2] 中国电动汽车百人会，深圳市腾讯计算机系统有限公司，中汽数据有限公司. 2020 中国自动驾驶仿真蓝皮书[EB/OL] (2020-10-30) [2023-01-28]. https://baijiahao.baidu.com/s?id=1681955163007763184&wfr=spider&for=pc.

实验 10

虚拟仿真——高铁轨道的智能运维

实验目的

1. 了解高铁轨道基础设施构成、常用巡检传感器及巡检方法；
2. 了解通过机器视觉方法进行高铁轨道病害检测和分类识别；
3. 通过虚拟仿真环境，体验轨道交通智能运维工作过程。

实验内容

本实验基于国家虚拟仿真实验教学课程共享平台《面向高铁轨道巡检的视觉感知虚拟仿真实验》开展。

1. 观看实验教学视频，熟悉我国高铁基础设施、智能运维工作内容，熟悉实验操作步骤；
2. 在虚拟仿真环境里，完成认知型实验 10.1 传感器原理虚拟仿真实验，熟悉高铁轨道基础设施构成，掌握常用巡检传感器工作原理及巡检方法；
3. 在虚拟仿真环境里，完成综合型实验 10.2 轨道视觉巡检虚拟仿真实验，执行轨道交通智能运维任务，掌握物联网感知系统的构建方法；
4. 在虚拟仿真环境里，选做创新型实验 10.3 轨道病害识别创新实验，熟悉病害识别流程，掌握病害识别通用步骤编程，尝试创新性病害识别算法设计和实现（注：本模块除线下编程开发步骤外，其余步骤在线上操作）。

预备知识

1. 中国高铁

交通强国，铁路先行。中国铁路行业一直以来都是国家经济发展的重要支柱，尤其在城市化进程迅速推进和人们出行需求不断增长的当下，高铁已经成为备受关注的高效、快捷、安全和环保的交通工具。自 2008 年 8 月第一条高铁（京津城际铁路）开通以来，中国铁路经过多次大规模的提速改造，迎来了高铁时代。近年来，随着高铁控制和基础设施建设技术的不断创新和产业化的推进，我国高铁技术已逐渐形成完整的体系。

中国高铁运营里程已于 2022 年年底突破 4.2 万 km，高铁“四纵四横”干线网已提前建成，并向“八纵八横”主通道推进。高铁路网发展迅速，现已覆盖除西藏之外的所有省份，成为世界上最现代化和最发达的高铁网。中国高铁已经从追赶者转变为领跑者，成为独具特色的中国“名片”。

2. 高铁基础设施表面病害危害

随着铁路运输的发展和进步，铁路列车的运行速度和装载量有了大幅提高，但同时，高强度的运行也给铁路的运营安全和基础设施的养护带来了极大的挑战。由于大部分轨道都处于户外环境，在潮湿、低温、暴雨、酸雨等恶劣天气下，钢轨等基础设施容易出现表面病害。而当列车运行通过时，钢轨会受到各种力的影响，这些力会加剧基础设施的磨损。如果基础设施表面出现的小病害没能及时检测发现，这些病害可能会逐渐扩大并发展成为钢轨内部病害，甚至可能导致钢轨断裂，引起高额的铁路维护费用，严重时甚至会导致列车脱轨等重大交通事故的发生，如图 10-1 所示。据统计，当前的铁路交通事故中，约 30%的事故是钢轨表面病害所造成的。

图 10-1 轨道交通重大事故示例

高铁运行速度快，表面病害的影响也更为显著。高铁轨道表面病害主要包括钢轨表面擦伤、波磨、光带不均、弹条移位、弹条松动、弹条断裂和板间离缝等问题。这些病害会给高速列车的行驶稳定性、安全性和乘客舒适度带来不良影响，如增大列车的震动和噪声，导致车轮和轨道的接触不良，并且可能导致列车脱轨等严重安全事故。因此，及时发现和处理高铁轨道表面病害显得尤为重要。对高铁轨道基础设施进行实时监测、及时维护，是保障列车安全运营的重要手段。只有在钢轨等基础设施处于轻度伤损时，及时进行维护和处理，才能有效地预防表面病害的逐渐扩大和发展，避免发生事故，确保高铁的安全、顺畅运行。

本实验中的高铁轨道基础设施主要包括无砟轨道结构，即支撑层、砂浆层、轨道板、扣件（螺旋道钉、平垫圈、弹条、绝缘轨距块、轨下垫板、微调垫板、轨距挡板、铁垫块、铁垫板下弹性垫、预埋套管、铁垫板下调高垫板）和钢轨等。主要检测对象为钢轨病害（波磨、表面擦伤和光带不均等）、扣件病害（弹条移位、松动和断裂等）、板间离缝。智能运维对象整体架构图如图 10–2 所示。为实现检测对象的全面覆盖，需设计合适的物联网检测系统完成基础设施外观表面图像的获取。

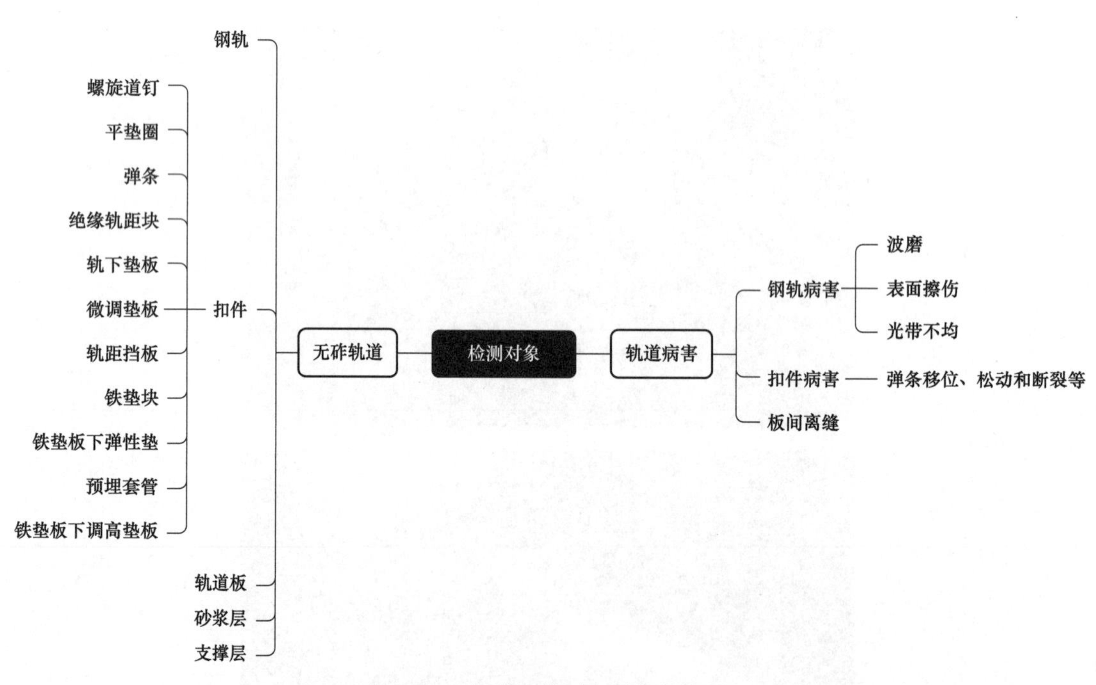

图 10–2　智能运维对象整体架构图

3. 轨道基础设施表面病害智能运维

传统的表面病害检测方法主要依赖人工进行，如图 10–3 所示。存在效率低下、危险性高等问题，而且受到工人经验、敬业程度、环境等诸多因素的影响，难以满足快速、精确、实时的轨道表面病害检测要求。特别是对于高铁来说，由于检测大多在夜间进行，光线不足，检测人员容易疲劳，导致难以获取可靠的检查结果。

图 10-3　传统运维作业工作图

传统轨道养护维修主要采用固定周期的“计划修”模式，过多的替换和欠缺维修的问题浪费了大量财力和物力资源。有相关统计数据表明，超过 60%的钢轨在“计划修”模式下仍处于良好状态，造成了极大的资源浪费。为此，需要开发新的检测技术和养护模式，以提高铁路养护的效率和质量，保障列车的安全运行。

近年来传感器、物联网和机器视觉等技术快速发展，这些技术为轨道表面病害检测提供了新的解决方案，基于机器视觉的物联网检测系统具有高速、高准确度、实时、无疲劳等优势，为高铁轨道表面病害的检测提供了新的发展机遇。

轨道基础设施表面病害智能运维是利用物联网、大数据分析、机器视觉和人工智能等先进的技术手段，对高铁轨道进行全面、快速、精准的监测和维护。通过这些技术的协同作用，能够实现高铁轨道各项参数的实时监测、数据采集和分析处理，及时发现问题并预警潜在风险，以进行精确、可靠的维修和保养。智能运维设备拍摄的轨道照片如图 10-4 所示。相比传统的人工运维方法，高铁智能运维具有效率更高、成本更低、维护质量更高，以及安全性更高等优点，使得维护更加智能化，从而减小了人员的风险。

图 10-4　智能运维设备拍摄的轨道照片

4. 智能运维的虚拟仿真

从高铁轨道智能运维的实际情况来考虑，高铁具有速度快、环境复杂多变、高度自动化、连续运营等特征，导致其难以在实际运营场所开展应用实训，培养解决该方面复杂工程问题的专业人才难度很大。虚拟仿真技术作为一个解决思路，可以将实际的高铁轨道场景虚拟化，提供虚拟的实训环境，巩固行业背景知识，强化专业技术水平，提升工程实践能力。在高铁轨道智能运维场景中，可以运用虚拟仿真技术对高铁轨道、智能运维系统进行数字化建模，并进行仿真和分析。

本实验使用北京交通大学设计开发的虚拟仿真实验平台，模拟在多种线路环境和天气环境下的高铁轨道巡检模式，帮助实验者学习和分析典型的轨道病害，动手参与实际高铁轨道运维中的巡检过程。实验中运用线阵相机、面阵相机等视觉传感器构建一套应用于高铁轨道巡检的物联网综合检测系统，帮助掌握常见轨道病害的表征和传感器工作原理，以完成物联网检测系统的设计，并了解高铁轨道巡检及轨道病害识别的相关知识，感受铁路运维行业日常巡检作业中的高铁轨道表面病害检测识别的运维工作过程。

实验步骤

1. 准备步骤

1）登录实验系统

打开桌面上的浏览器（推荐使用 Chrome、Edge、火狐、360 极速浏览器），在地址栏输入网址：https://www.ilab-x.com/，登录实验系统，搜索“面向高铁轨道巡检的视觉感知虚拟仿真实验”；或直接输入网址并登录：https://www.ilab-x.com/details/page?id=10100&isView=true。面向高铁轨道巡检的视觉感知虚拟仿真实验界面如图 10-5 所示。

图 10-5　面向高铁轨道巡检的视觉感知虚拟仿真实验界面

2）实验概况

通过实验详情页（见图 10-6）查看实验介绍，了解实验教学目标、实验原理、实验教学过程与实验方法、实验步骤、实验结果与结论，掌握实验整体概况，并观看相关的实验教学引导视频和项目简介视频，形成对智能运维工作和虚拟仿真实验的整体认知。

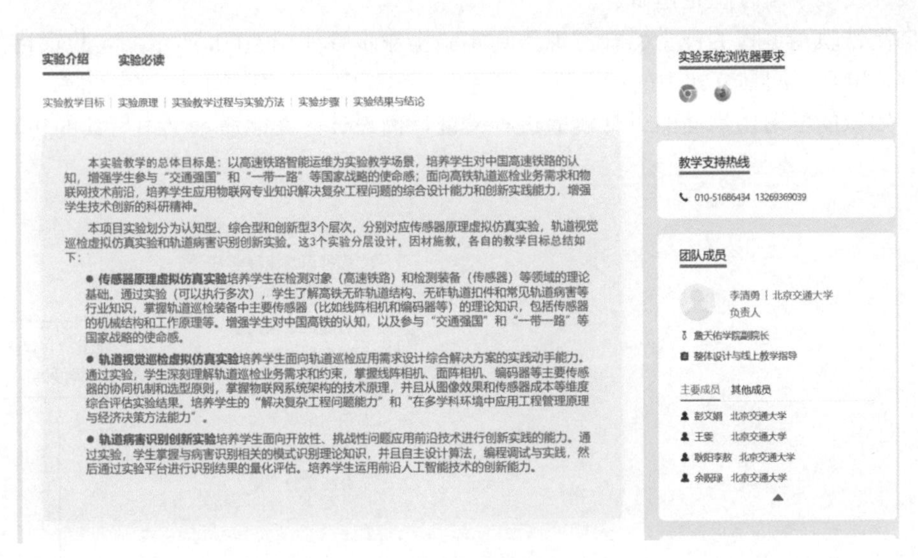

图 10–6　实验详情页

单击“我要实验”按钮进入实验系统，参考实验介绍的相关内容，准备开始进行相关实验操作。

实验项目分为 3 个实验模块，如图 10–7 所示，分别是传感器原理（虚拟仿真）实验、轨道视觉巡检（虚拟仿真）实验和轨道病害识别（创新）实验，对应着认知型、综合型和创新型 3 个实验层次。

图 10–7　面向高铁轨道巡检的视觉感知虚拟仿真实验模块

认知型实验是基础，需逐步完成所有知识点的学习并通过在线测试的考查后方可继续后续实验；综合型实验是主体，通过该部分自主设计型实验，既实现对上一认知型实验模块内容掌握程度的考查，又为下一创新型实验模块的内容进行了铺垫；创新型实验是拔高，通过分步骤引导在线编程实训，强化计算机专业能力的训练，为后续综合实训任务的创新性算法的自主设计及线下编程奠定基础。

面向高铁轨道巡检的视觉感知虚拟仿真实验操作步骤如图 10-8 所示，实验项目共 27 个操作步骤，相互之间具有知识的相关性和递进性，实验内容之间的知识由浅入深，相互关联，前面原理知识的学习由后面的设计实验进行验证，而设计方案的质量又由后续的仿真巡检予以验证。

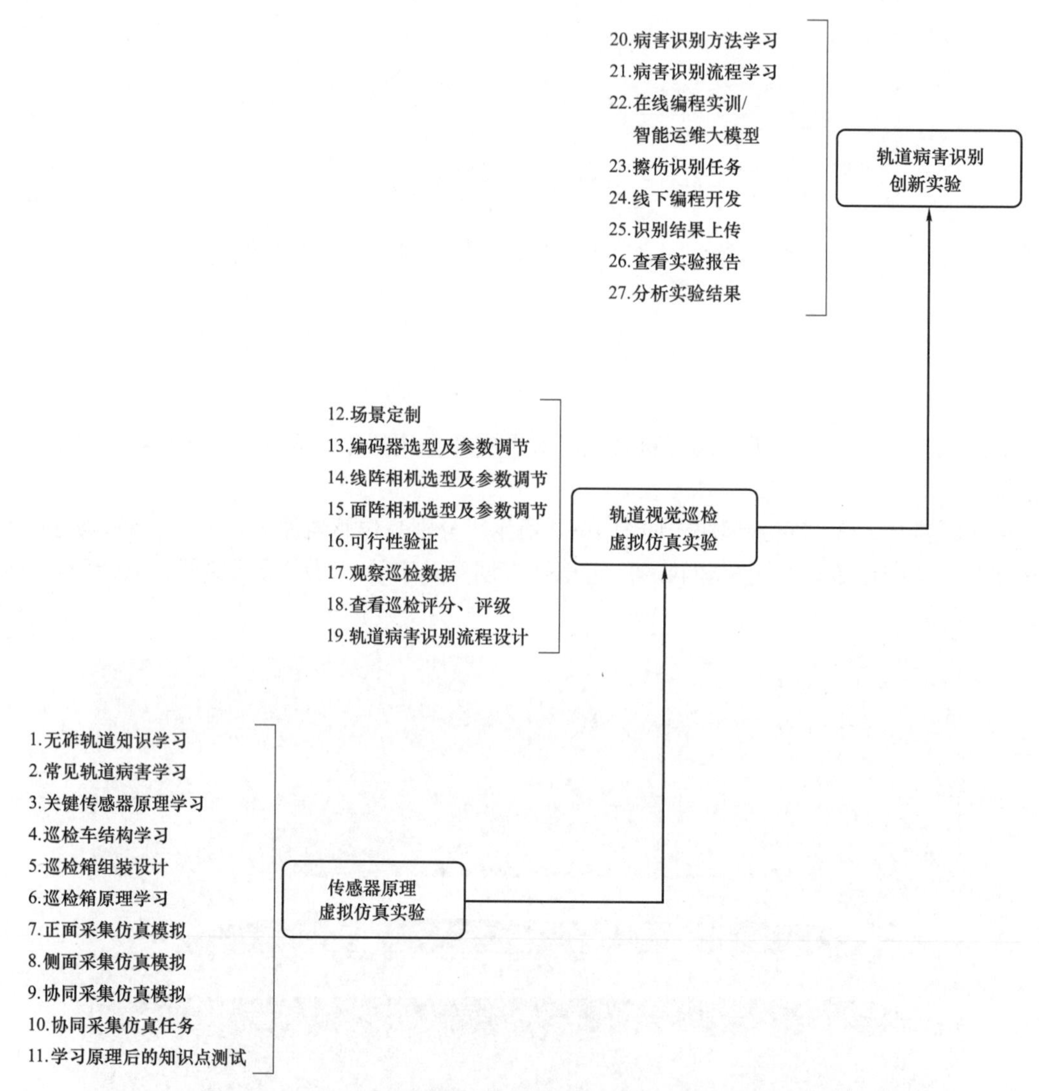

图 10-8　面向高铁轨道巡检的视觉感知虚拟仿真实验操作步骤

2. 实验模块

1）实验 10.1 传感器原理虚拟仿真实验

本实验模块采用场景化设计，所有学习对象分区域安排在一间“实验室”内，学生需通过前往不同的区域按序逐步完成对应知识点的学习。

传感器原理虚拟仿真实验流程如图 10-9 所示。

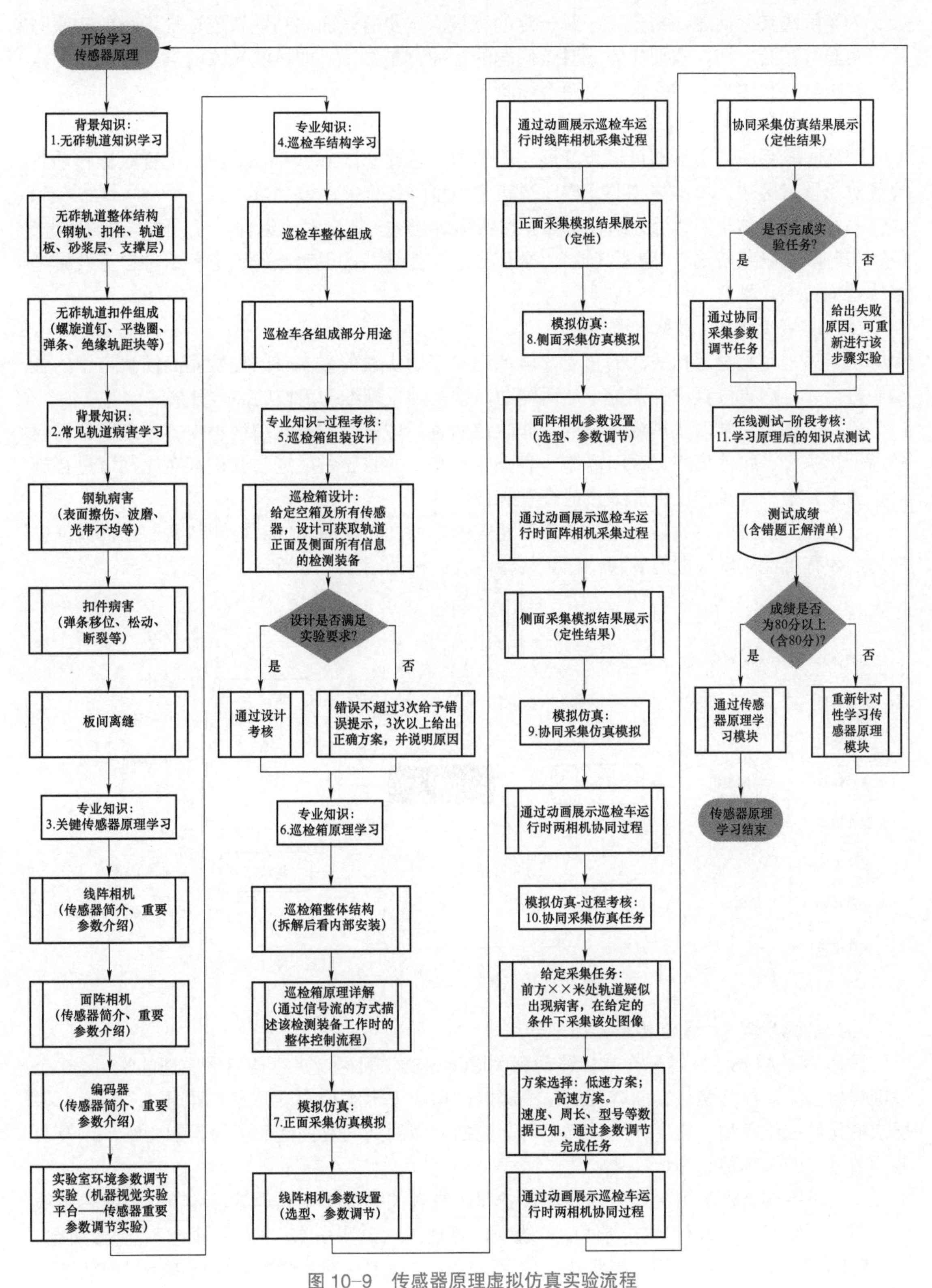

图 10-9　传感器原理虚拟仿真实验流程

为了解决实际问题，需要先了解一定的背景。本实验是面向高铁轨道巡检场景的物联网应用实验，实验之初，需要先完成对该问题的行业背景知识，即检测对象的学习，包括无砟轨道知识学习和常见轨道病害学习两个步骤。

（1）实验步骤 1：无砟轨道知识学习。

跟随实验系统的引导即可逐步开展实验学习，通过操作 W、A、S、D 键配合鼠标移动到检测对象学习区域，单击高亮的无砟轨道正常模型进行相关内容学习。

系统支持整体学习、拆分组件单独学习等多种形式，选定对应组件，可通过“透明所选”“透明其他”“隐藏所选”“隐藏其他”“全部显示”等功能实现对无砟轨道各组件自身及模型整体结构的深入学习。

（2）实验步骤 2：常见轨道病害学习。

轨道病害是轨道巡检关注的重点，轨道巡检应用实践的根本目的是检测高铁轨道中的各类病害，并对病害位置进行定位，从而辅助高铁基础设施维护工作的高效开展。

单击检测对象学习区域内高亮的无砟轨道病害模型学习常见轨道病害内容，此部分内容分为钢轨病害、扣件病害、板间离缝 3 种病害类型，并将正常轨道与其进行对比，可进行旋转、放大、缩小等操作以更加细致地查看病害内容。

在了解了问题的背景后，则需要掌握相关的专业知识，即完成对检测装备的工作原理的学习，才有可能实现问题的解决，检测装备内容结构如图 10-10 所示。

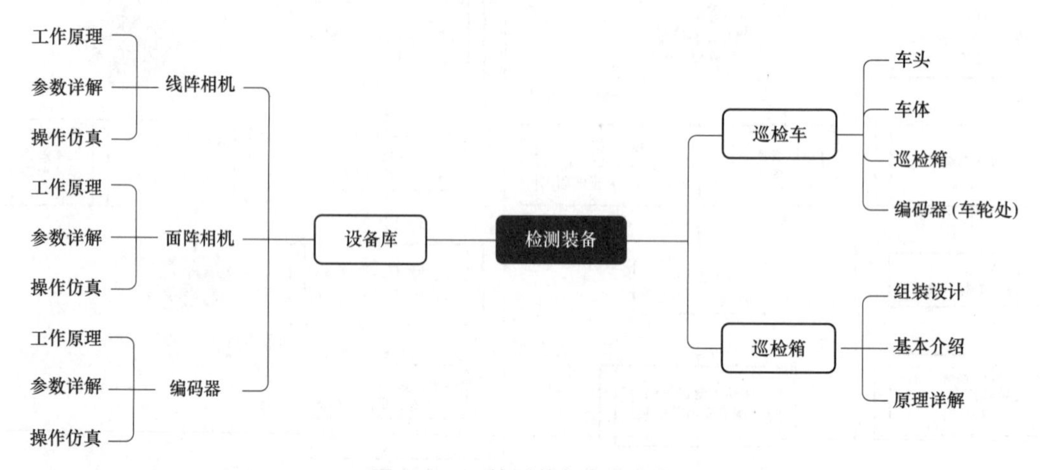

图 10-10　检测装备内容结构

（3）实验步骤 3：关键传感器原理学习。

操作 W、A、S、D 键配合鼠标移动到关键传感器学习区域进行传感器原理的学习。3 个关键传感器——线阵相机、面阵相机、编码器，构成了本实验的设备库。可通过多角度、多层次的元件三维模型与文字介绍进行学习，包括模型的结构及关键参数的详细介绍，以及参数调节过程的操作仿真等。

单击关键传感器学习区域处高亮的设备库，进入关键传感器原理学习环节。依次单击线阵相机、面阵相机、编码器的硬件设备选项，可通过“透明所选”“透明其他”“隐藏所选”“隐藏其他”“全部显示”等功能实现对传感器硬件参数的掌握。学习完成后单击对应传感器的软件调参（参数调节）选项，连接传感器和机器视觉实验平台，进入软件参数配置实验操作，通过实验平台上的 1 元硬币的成像结果，直观地看到设置不同参数所得到的图像之间的差异，进一步理解各传感器里的单一关键参数对最终成像质量的影响，从而掌握该参数的计算与设置。

（4）实验步骤 4：巡检车结构学习。

操作 W、A、S、D 键配合鼠标移动到巡检装备学习区域，单击巡检车，进入巡检车结构学习部分，实验内容将通过 3D 模型呈现巡检车主体，依次介绍巡检车组成部件。学习完成后可单击“退出”按钮回到场景中。

（5）实验步骤 5：巡检箱组装设计。

完成巡检车结构学习后，直接进入巡检箱组装设计任务（要求完成可获取轨道正面及侧面所有信息的检测装备的设计组装）。

系统给定轨道参数，并提供空箱、传感器和基本元件，进行开放性设计，完成巡检箱的组装，满足任务要求（可将轨道表面所有图像信息完整获取）即可通过，若三次仍未满足将展示正确方案。巡检箱组装设计实验界面如图 10-11 所示。

图 10-11　巡检箱组装设计实验界面

（6）实验步骤 6：巡检箱原理学习。

完成组装设计后，进入巡检箱原理学习，该步骤主要采用虚拟三维模型的表示形式与文字说明相结合的实验形式。

为帮助理解各传感器的工作原理及相互之间的控制协同作用，如图 10-12 所示，系统将通过动画的形式把视觉感知系统仿真控制信号的完整流动过程进行展示，巡检箱的控制信号流动可以划分为以下 3 个阶段。

① 外部编码器发送脉冲信号到分频器。

② 分频器把输入的单路脉冲信号分为双路脉冲信号，并分发到两台线阵相机，触发线阵相机逐行采集图像。

③ 线阵相机采集到若干行信息（可以通过采集软件设置）生成一副俯视正面图像后，采集软件通过工控机串口发送信号给两台面阵相机，分别触发光源和相机快门，完成一次侧面

图像采集。

自外部编码器发出信号开始，就用不同颜色文字标注的形式来阐明不同信号流的名称，便于掌握各传感器之间的相关控制原理。

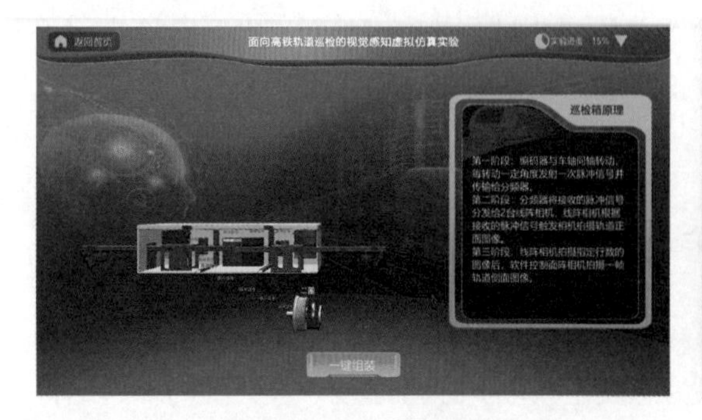

（a）编码器发脉冲信号，分频器分发信号

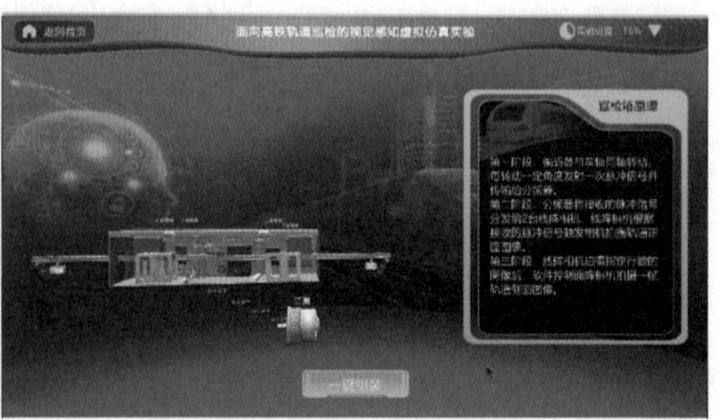

（b）触发线阵相机采集正面图像返回工控机

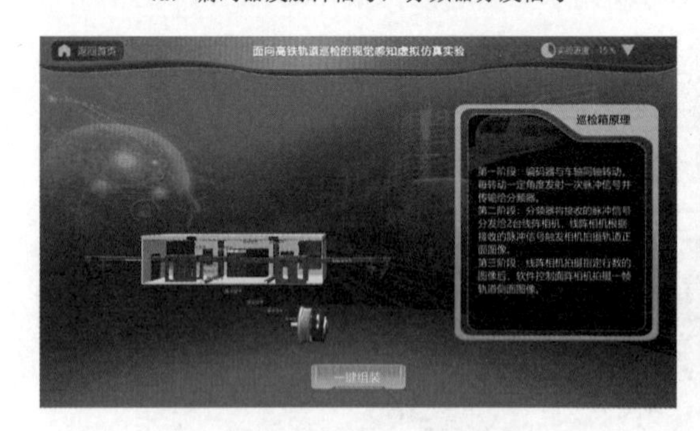

（c）工控机发送软触发信息

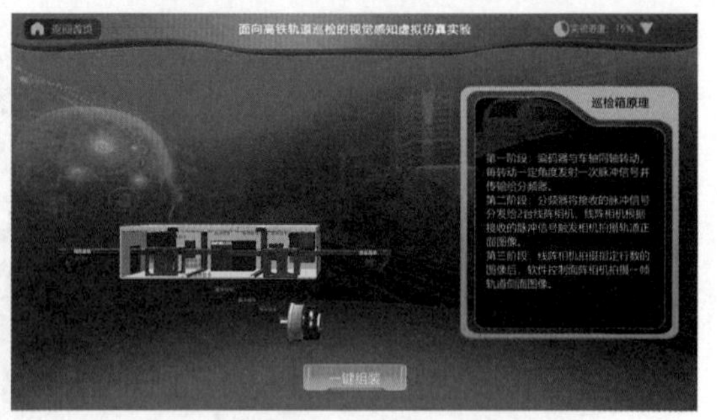

（d）软触发信号触发面阵相机及光源

图 10-12　巡检箱原理详解实验界面

为强化对各传感器关键参数和工作原理的理解，系统通过多角度、多层次的三维模型、文字介绍与巡检仿真运行模拟图像采集过程。

（7）实验步骤 7：正面采集仿真模拟。

操作 W、A、S、D 键配合鼠标移动到图像采集区域，单击巡检车中高亮显示的线阵相机进行该部分内容的学习，正面采集部分需调整线阵相机参数（相机精度、脉冲个数）使采集图像为正常，设置好参数后单击开始采集按钮，巡检车将启动展示正面采集的过程，并使用动画形象地展示线阵相机的工作过程，通过观察它是如何以“线”为单位采集图像的，进一步加强对其工作原理的理解。

模拟采集结束后，系统将展示采集的图像及其定性结果。此部分可多次反复设置参数以获取不同的采集结果。

（8）实验步骤 8：侧面采集仿真模拟。

单击巡检车中高亮显示的面阵相机进行该部分内容的学习，侧面采集部分需调整面阵相机参数（脉冲个数）使采集的图像为正常，设置好参数后单击开始采集按钮，巡检车将启动展示侧面采集的过程，并使用动画形象地展示面阵相机的工作过程，通过观察它是如何在巡检车行进过程中以“面”为单位采集图像的，进一步加强对其工作原理的理解。

模拟采集结束后，系统将展示采集的图像及其定性结果。此部分可多次反复设置参数以获取不同的采集结果。

（9）实验步骤 9：协同采集仿真模拟。

线阵相机关键参数计算的主要影响因素可以通过正面采集仿真模拟来掌握，面阵相机关键参数计算的主要影响因素可以通过侧面采集仿真模拟来掌握，而协同采集实际就是轨道巡检视觉感知过程。

协同采集仿真模拟实验界面如图 10–13 所示，本步骤主要是为辅助同学们了解正面采集和侧面采集是如何协同作用的。单击巡检车的“推杆”后，巡检车将模拟运行，通过动画的形式展示，如图 10–13（a）所示，当线阵相机采集一定数量单位的“线”图像后，面阵相机才将线阵相机采集图像范围长度的“一面”图像进行采集。仿真巡检结束后，如图 10–13（b）所示，系统将呈现采集结果示例图像，便于了解选型正确时所采集到的正常采集结果是什么样的，此处应是无变形、无重叠、无漏拍的。

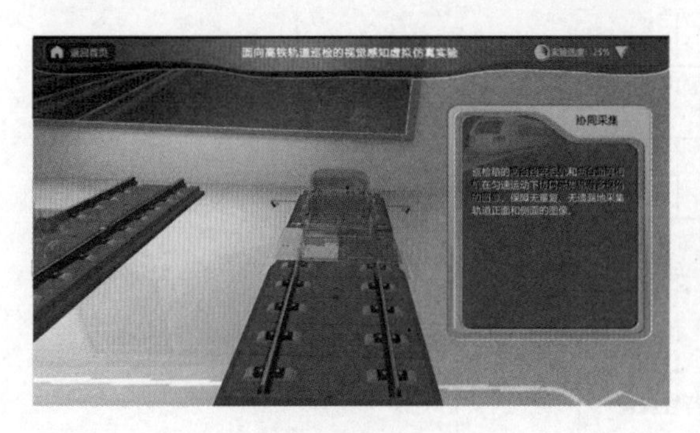

（a）协同采集工作过程

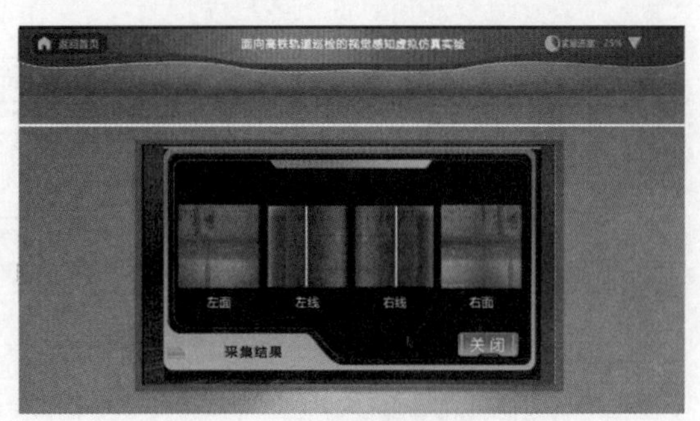

（b）采集结果

图 10–13　协同采集仿真模拟实验界面

（10）实验步骤 10：协同采集仿真任务。

采集任务：前方××米（该距离随机）内轨道疑似出现病害，请在给定条件下（车轮周长等条件）采集到该处轨道图像；方案选择：低成本方案、高成本方案（两方案均给定传感器型号）；确定方案后，根据引导依次调节各传感器参数以完成任务。

注：此过程有时间限制，需考虑操作时间和车辆运行至对应距离的时间是否满足要求。

（11）实验步骤 11：学习原理后的知识点测试。

学习完成后，实验将提示实验 10.1 内容学习完成，即将进入考核环节。单击“进入测试”进行考核，考核部分包括单选、多选、判断等形式的考题，作答后单击“提交”获取分数，如分数不合格，可在重新学习该模块内容后再次进行考核（再次考核试题将随机抽选），直到成绩达标后才可解锁实验 10.2 的内容。

2）实验 10.2 轨道视觉巡检虚拟仿真实验

轨道视觉巡检虚拟仿真实验流程如图 10–14 所示。

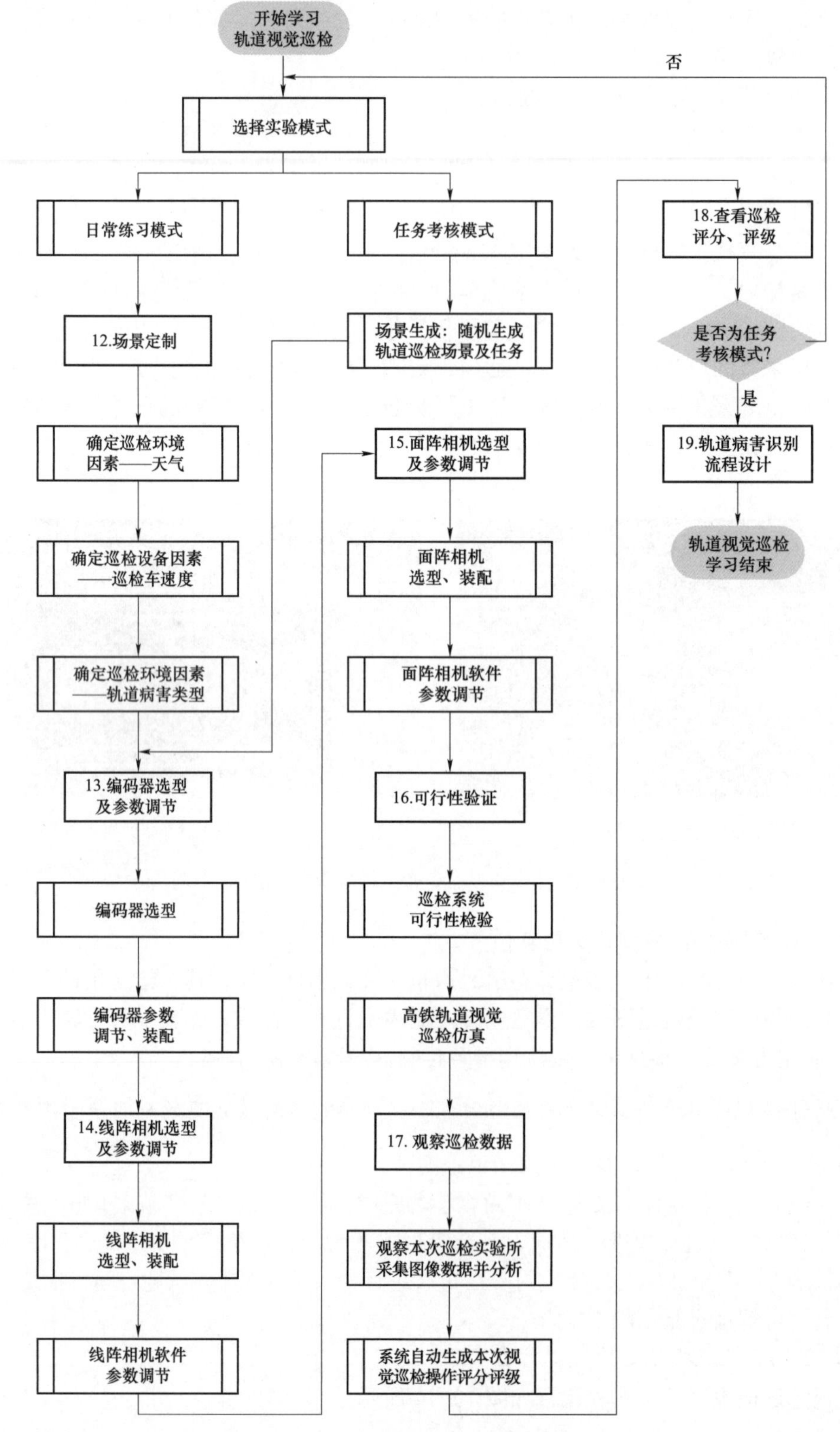

图 10–14　轨道视觉巡检虚拟仿真实验流程

单击轨道视觉巡检模块，弹出实验介绍，进入轨道视觉巡检模块模式选择界面，单击对应模式进入该实验场景。轨道视觉巡检模块采用了模拟实际轨道巡检场景来完成传感器选型及关键参数设计的训练。实验场景为虚拟的轨道线路场景，起始实验背景为高铁车站，巡检终点站为检修站。

（1）实验步骤 12：场景定制。

个性化定制轨道巡检场景为日常练习模式下特有。根据个人需求定制高铁线路环境和巡检要求，包括天气环境、巡检车速度，以及病害类型等，完成个性化的轨道巡检场景的定制，确定整体实验的基础条件，为后续传感器的选型与参数计算提供参数依据。

（2）实验步骤 13：编码器选型及参数调节。

抵达站台设备库对巡检车所需传感器——编码器进行选型并完成参数配置，选型和配置过程中需考虑设备性能及成本，并确保配置结果可支持巡检车采集。提交方案前均可单击“修改”进行选型和参数的调整。

（3）实验步骤 14：线阵相机选型及参数调节。

根据实验场景中给定的条件及编码器参数计算得出线阵相机行频参数，确定触发方式，并结合工程实践要求，与实验步骤 13 相同，从设备库中选择在满足实验基础条件下成本最优的设备方案，完成线阵相机的选型和参数的调整。

（4）实验步骤 15：面阵相机选型及参数调节。

根据实验场景中给定的条件计算得出面阵相机帧率参数，确定触发方式，其中硬触发方式需升级设备，需自行确定增加成本与否。由于面阵相机所采集的图像长度与线阵相机采集图像的行数相关，综合基础条件以前面选定的设备型号等多方面参数可计算得到触发参数，即面阵相机采集一帧图像时线阵相机采集图像的行数。并结合工程实践要求，与实验步骤 13 相同，从设备库中选择在满足实验基础条件下成本最优的设备方案，完成面阵相机的选型和参数的调整。

（5）实验步骤 16：可行性验证。

由于实验 10.2 实施过程中相关设备的选型及参数的设置都是实验的关键因素，都将直接影响实验结果，设计不合理就会极大地影响到巡检的效果，且可能会出现不可实行的方案。因此，在最后的传感器——面阵相机选型和参数设置结束后将开启传感器校验，对巡检系统可行性进行验证，也就是在仿真巡检开始之前增加了一个设备选型方案验证。仅对可实际实施的方案予以通过并进行后续实验，否则，方案无法通过，将弹出对应传感器参数设置不合理的警告，需返回调整各项参数，直至所设计的方案可实施时方可通过继续实验。

系统可行性验证通过后，单击“是”即可进入轨道巡检环节。如图 10-15 所示，单击“推杆”，启动巡检车，开启巡检车的模拟运行，观察整个巡检虚拟仿真过程。巡检车从车站出发，途经隧道、桥梁、平原等不同场景，最后抵达检修站，模拟整条高铁无砟轨道的视觉巡检过程。界面右上角显示地图及实时运行动态，巡检车模拟巡检上述所有场景上的轨道，其间可通过单击巡检车操作台上各传感器采集开关，开启不同传感器的视觉感知展示窗口，实时观察各传感器采集的图像，了解轨道状态，如图 10-15（b）所示。

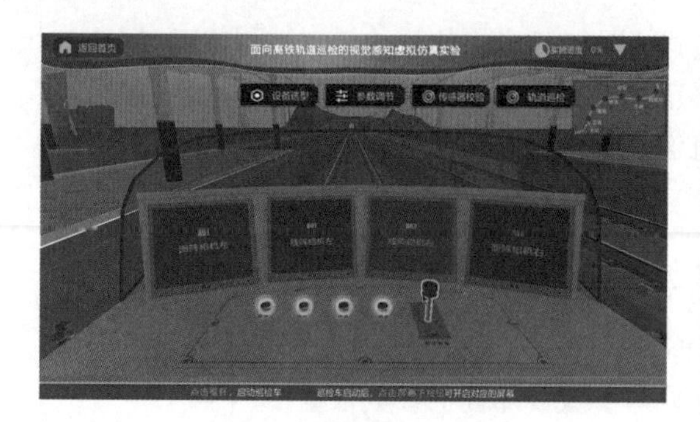

（a）采集屏幕默认关闭

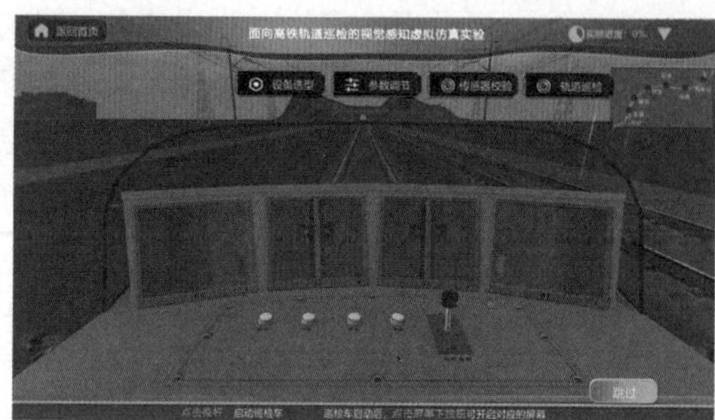

（b）采集屏幕开启状态

图 10-15　轨道巡检仿真运行

（6）实验步骤 17：观察巡检数据。

巡检过程中，系统将根据前面步骤的实验操作，自动生成典型的轨道病害图像。仿真巡检结束后，可通过不同传感器视角查看各传感器采集到的轨道图像，观察分析巡检结果，如图 10-16 所示，也可切换至多视角状态，同步观察各传感器同一时刻所采集的轨道图像，完成对图像数据的初步了解，做好数据处理的准备工作。

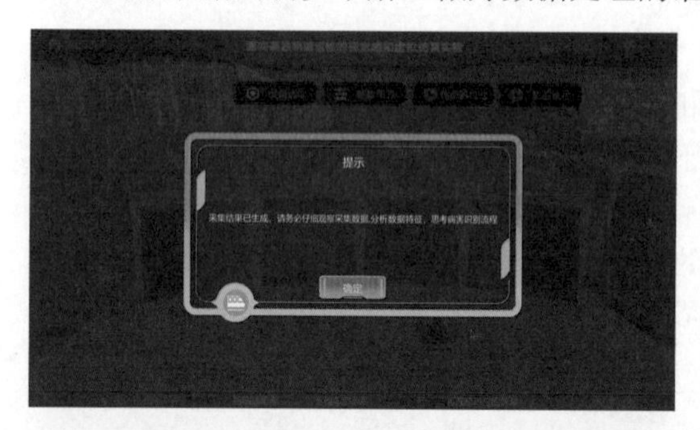

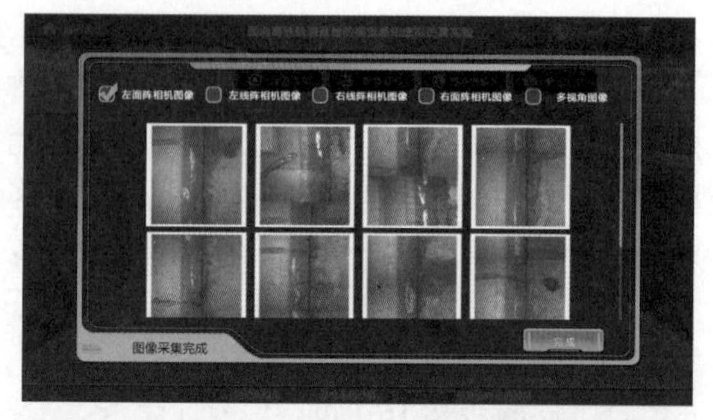

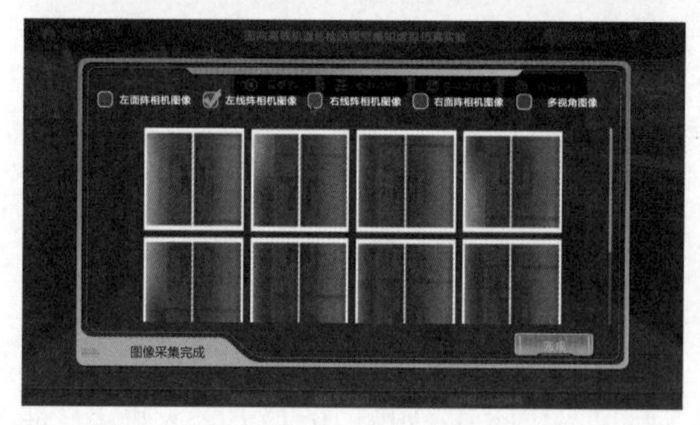

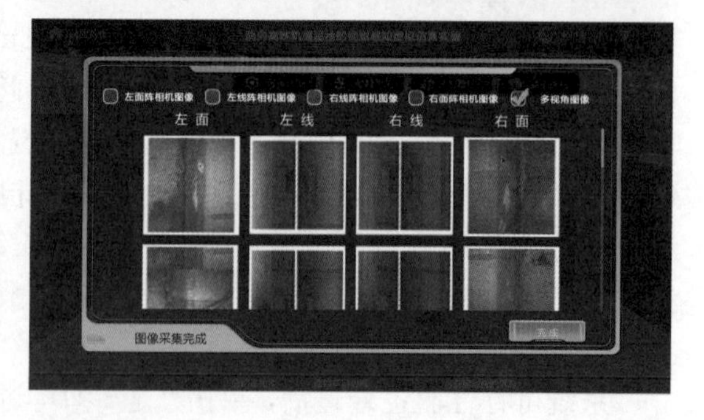

图 10-16　轨道巡检图像采集结果界面

（7）实验步骤 18：查看巡检评分、评级。

系统根据上述实验步骤自动生成本次视觉巡检实验操作的评分、评级，查看巡检评分、评级报告，了解本次实验操作中的不足，根据自己的需求选择是否重复练习或再次考核。

（8）实验步骤 19：轨道病害识别流程设计。

结合实验 10.1 中对轨道病害的了解，根据数据特点，进行轨道病害识别流程图设计，通过拖拽的方式将所提供的流程内容（可重复使用）拖至空缺位置，将空缺的流程图补充完整。

3）实验 10.3 轨道病害识别创新实验

轨道病害识别创新实验流程如图 10-17 所示。

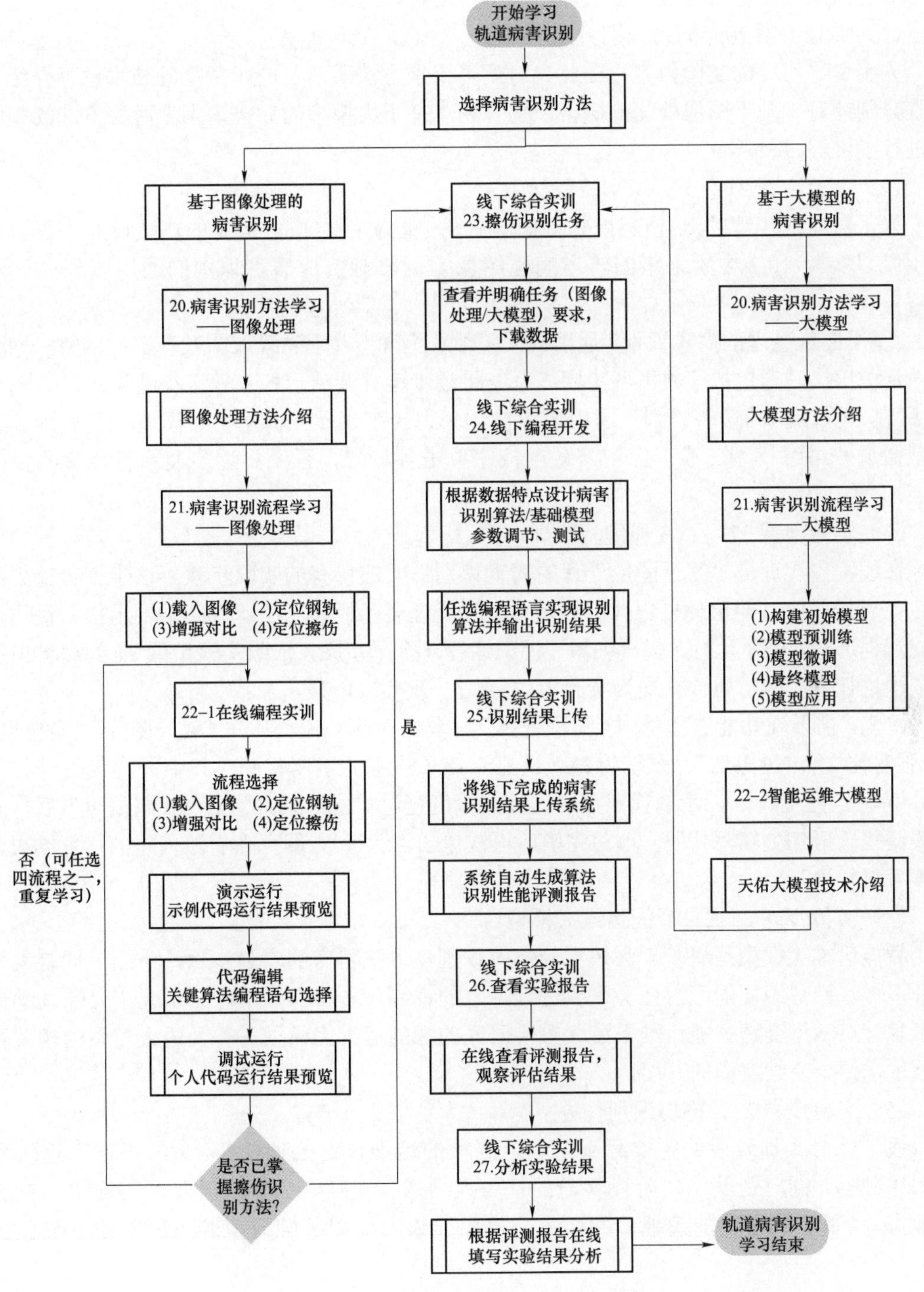

图 10-17 轨道病害识别创新实验流程

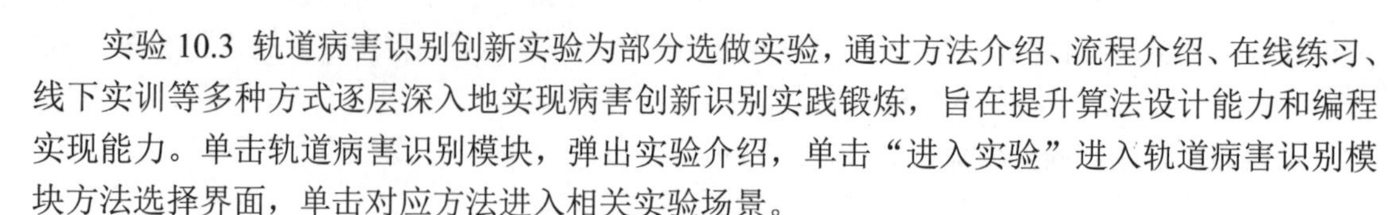

实验 10.3 轨道病害识别创新实验为部分选做实验，通过方法介绍、流程介绍、在线练习、线下实训等多种方式逐层深入地实现病害创新识别实践锻炼，旨在提升算法设计能力和编程实现能力。单击轨道病害识别模块，弹出实验介绍，单击“进入实验”进入轨道病害识别模块方法选择界面，单击对应方法进入相关实验场景。

（1）实验步骤 20：病害识别方法学习。

为了引导后续的实验内容，在此先对病害识别方法所涉及的相关基础技术进行介绍。本步骤分别针对“基于图像处理的病害识别”和“基于大模型的病害识别”两种方法的相关技术进行了讲解。

（2）实验步骤 21：病害识别流程学习。

为了对前面步骤的流程设计进行强化巩固，也为了对实验 10.3 的算法设计进行引导，本步骤以实验 10.2 中所采集的轨道病害图像为例，对轨道病害识别的通用流程进行示范讲解。

“基于图像处理的病害识别”通用流程整体分为 4 个步骤：载入图像—定位钢轨—增强对比—定位擦伤，通过按序单击各步骤，系统将逐步运行并展示各步骤运行结果。

“基于大模型的病害识别”通用流程整体分为 5 个步骤：构建初始模型—模型预训练—模型微调—最终模型—模型应用，通过按序单击各步骤，系统将逐步展示各步骤的目的或特点。

（3）实验步骤 22-1：在线编程实训。

在线编程实训是“基于图像处理的病害识别”方法特有的实验步骤。该步骤实验界面分为 3 个部分——功能选择栏、代码编写及数据处理展示栏和算法运行结果展示栏。整体步骤分成流程选择、演示运行、代码编辑、调试运行 4 个子步骤，依照实验步骤 21 的病害识别流程依次进行，实验所用数据均为实验 10.2 最近一次实验所采集。

首先，需要在功能选择栏中“流程选择”处单击对应子流程——“载入图片”“定位钢轨”“增强对比”“定位擦伤”。系统将先默认显示该子流程的示例代码（其中关键代码语句不可见），单击“运行”后，示例代码演示运行，即可查看实验结果。单击“代码编辑”后，即可在关键代码语句处填写代码，填写完毕后再次单击“运行”，即可查看该代码的运行结果。本步骤可重复执行。

（4）实验步骤 22-2：智能运维大模型。

智能运维大模型是“基于大模型的病害识别”方法特有的实验步骤，市面上现有大模型多种多样，针对不同的下游任务需要进行特定的训练。本步骤简单介绍了北京交通大学计算机学院针对轨道交通智能运维下游任务所研究的智能运维大模型——天佑大模型的相关背景和技术，便于后续实验的开展。

（5）实验步骤 23：擦伤识别任务。

线下综合实训阶段给定实际高铁轨道巡检的运维数据处理任务。系统提供离线轨道擦伤病害数据，同时说明了本阶段实验的任务及要求，明确任务要求后即可下载实际轨道巡检数据（“基于大模型的病害识别”方法提供天佑大模型基础模型源码用于线下编程开发实验）。

（6）实验步骤 24：线下编程开发。

在线下通过个人计算机，根据数据特点完成病害识别算法的设计，并任选一种编程语言及开发工具来实现算法（“基于大模型的病害识别”方法通过在线下对基础模型参数进行调节、测试得到最终模型），完成对所下载的轨道病害图像数据包内所有数据的识别。完成实验任务后，需将代码及识别结果按实验要求保存。

（7）实验步骤25：识别结果上传。

单击“结果上传”，进入本步骤，按要求上传代码和识别结果并提交，即可完成结果上传。

（8）实验步骤26：查看实验报告。

结果上传完毕后将自动跳转至性能评测界面，展示轨道病害识别算法的性能评测方法，在阅读评测方法后，勾选“我已阅读性能评测方法”，即可单击“生成实验报告”，进入报告查看页，单击“查看实验报告”，即可在线查看个人本次上传结果的性能评测报告，查看评估结果，并对评估结果进行分析。也可根据评估结果对算法不足之处进行针对性优化，反复实验直至性能最优。识别算法性能评测界面如图10-18所示。

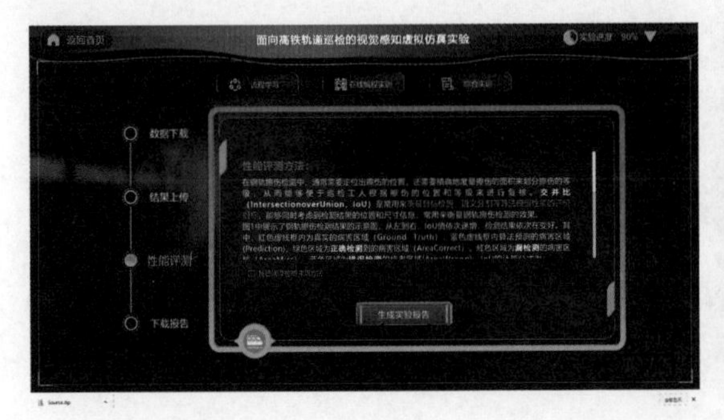

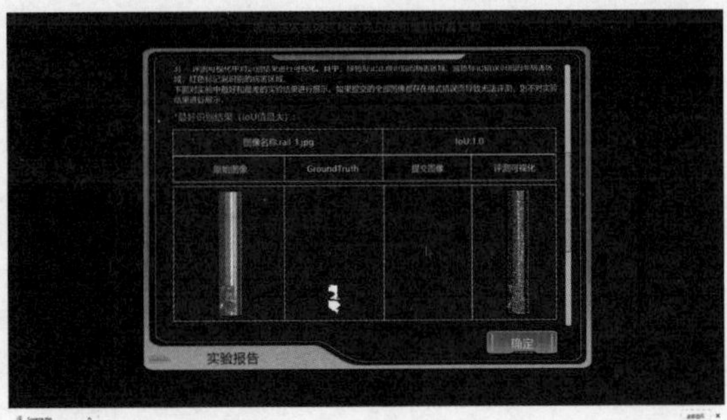

图10-18　识别算法性能评测界面

（9）实验步骤27：分析实验结果。

结合评测报告内容分析实验结果，总结本次实验过程中的收获及操作过程中的不足，填写实验分析报告并提交。

实验作业

完成上述实验步骤，获得实验成绩。

1. 完成实验10.1后，在系统中进行测试，获得百分制成绩。

2. 完成实验10.2后，系统将对所有实验操作自动记录并评分。

3. 选做实验10.3后，在线查看自动评测报告，分析实验操作中的不足和收获，提交后系统自动生成整体实验报告，可自主下载查看。

参考网站

国家虚拟仿真实验教学课程共享平台——面向高铁轨道巡检的视觉感知虚拟仿真实验：https://www.ilab-x.com/details/page?id=10100

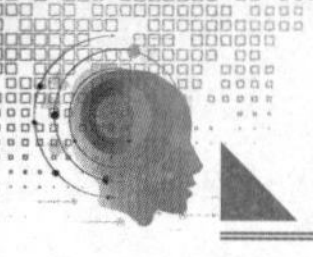

参考文献

[1] 尹春雷. 高铁综合运维的发展与展望[J]. 铁路通信信号工程技术，2019，16（10）：5.

[2] 熊嘉阳，沈志云. 中国高速铁路的崛起和今后的发展[J]. 交通运输工程学报，2021，21（5）：6-29.

[3] 尹阿婷. 基于机器视觉的高铁轨道表面缺陷检测技术研究[D]. 湖南大学，2019.

[4] 王建柱，李清勇，张靖，等. 轨道病害视觉检测：背景、方法与趋势[J]. 中国图象图形学报，2021，26（2）：287-296.

[5] 彭文娟，李清勇，周围，等. 高铁智能运维虚拟仿真实验设计与应用[J]. 计算机技术与教育学报，2022，10（5）：49-56.

附录A

软件实验环境的安装配置

实验目的

1. 安装 PyCharm，配置程序开发环境（实验 3、4、5、6 使用）；
2. 安装虚拟机和 Ubuntu 系统（实验 2 使用）；
3. 安装 ROS Kinetic 系统（实验 2 使用）。

实验内容

1. 安装 PyCharm，配置 Python 环境及常用插件；
2. 安装并配置虚拟机和 Ubuntu-16.04；
3. 安装 ROS Kinetic。

注：本实验提供两种方式安装并配置 Ubuntu 和 ROS 系统。

（1）根据实验指导步骤依次安装并配置环境；

（2）直接导入已经配置好环境的资源包。第二种方式较为简单，不易出错。不过，感兴趣的同学可以尝试第一种安装方式。

操作步骤

1. PyCharm 的安装及配置

Python 是一门编程语言，最初被设计用于编写自动化脚本。随着 Python 版本和功能的不断更新发展，其被越来越多地用于独立、大型项目的开发。PyCharm 是一种 Python IDE（integrated development environment）集成开发环境，可以实现快速编写代码，且便于调试。简单来说，Python 是开发语言，PyCharm 是开发工具。其安装步骤如下。

1）安装 PyCharm

（1）下载地址：http://www.jetbrains.com/pycharm/download。

（2）根据自己计算机的操作系统选择 community 版本。如果是微软的 Windows 系统则单击：Windows→community 版本进行下载，如果是苹果的操作系统则单击 macOS→community 版本进行下载，Linux 操作系统同理。

注：后续所有涉及选择计算机操作系统的步骤同理，不再赘述，本实验以 64 位 Windows 操作系统进行介绍。

选择下载版本如图 A–1 所示。

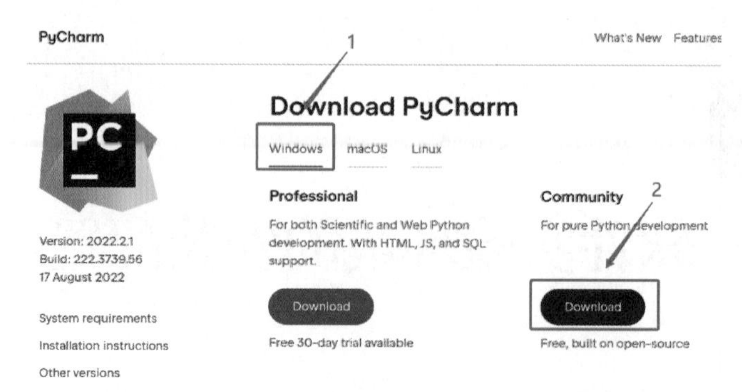

图 A–1 选择下载版本

（3）双击刚下载的安装包→单击“Next”，在此修改 PyCharm 的安装路径（注：若想要安装在默认路径下，则不必修改）。设置安装路径如图 A–2 所示。

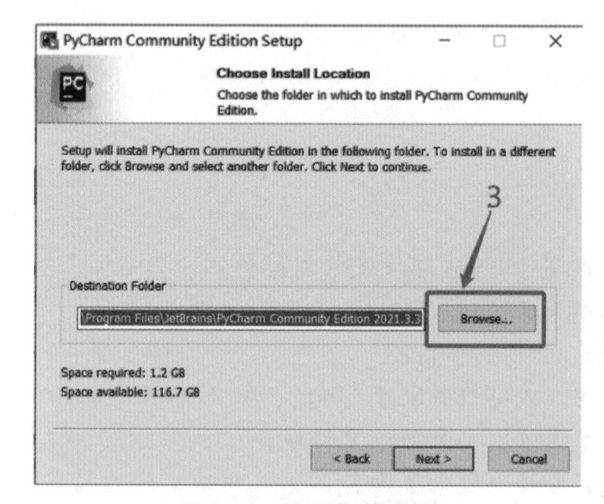

图 A–2 设置安装路径

（4）一直单击“Next”，直至出现“Install”，单击“Install”，如图 A–3 所示。然后单击“Finish”。

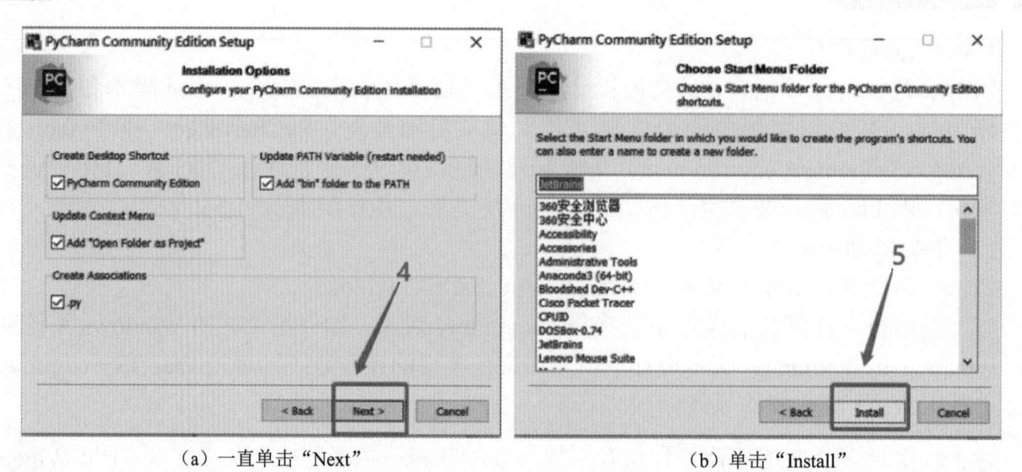

（a）一直单击“Next”　　（b）单击“Install”

图 A–3 一直单击“Next”，直至出现“Install”，单击“Install”

2）安装 Python

（1）下载 Python。

① 下载地址：https://www.python.org/。

② 单击“Downloads”→找到 Python 3.10.3，单击“Downloads Windows installer（64-bit）”。

注：安装 Python3 以上的版本均可以，不同版本可能会出现部分工具包因为更新而有所差别。

下载 Python 安装软件如图 A-4 所示。

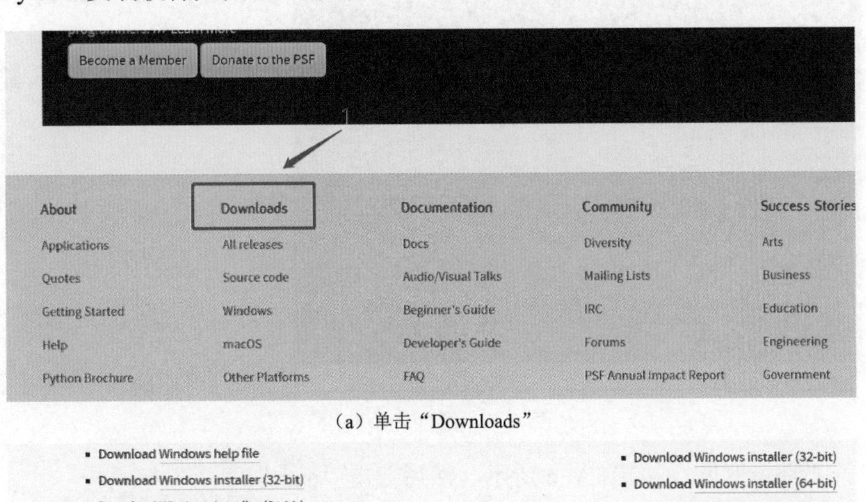

（a）单击“Downloads”

- Download Windows help file
- Download Windows installer (32-bit)
- Download Windows installer (64-bit)
- Python 3.10.3 - March 16, 2022
  Note that Python 3.10.3 *cannot* be used on Windows 7 or earlier.
  - Download Windows embeddable package (32-bit)
  - Download Windows embeddable package (64-bit)
  - Download Windows help file
  - Download Windows installer (32-bit)
  - Download Windows installer (64-bit)
- Python 3.9.11 - March 16, 2022
  Note that Python 3.9.11 *cannot* be used on Windows 7 or earlier.
  - Download Windows embeddable package (32-bit)
  - Download Windows embeddable package (64-bit)

2

- Download Windows installer (32-bit)
- Download Windows installer (64-bit)
- Download Windows installer (ARM64)
- Python 3.11.0a6 - March 7, 2022
  - Download Windows embeddable packa
  - Download Windows embeddable packa
  - Download Windows help file
  - Download Windows installer (32-bit)
  - Download Windows installer (64-bit)
  - Download Windows installer (ARM64)
- Python 3.11.0a5 - Feb. 3, 2022
  - Download Windows embeddable packa
  - Download Windows embeddable packa
  - Download Windows help file
  - Download Windows installer (32-bit)

（b）单击“Downloads Windows installer (64-bit)”

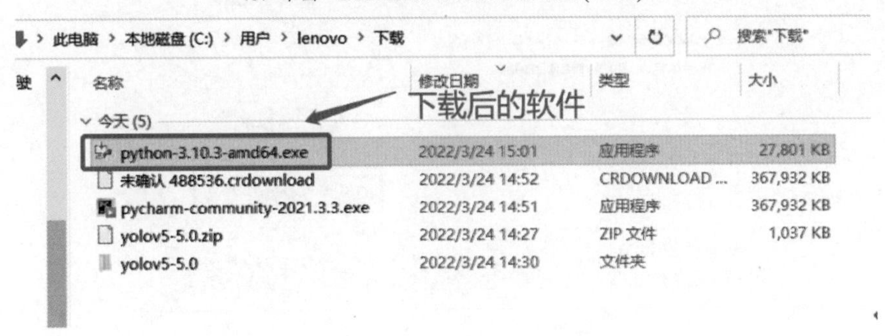

（c）下载后的软件

图 A-4　下载 Python 安装软件

（2）添加环境变量。

① 右击“python-3.10.3-amd64.exe”，选择属性→复制位置（存放软件的位置，如存放在D盘就是D:\）。

② 在界面下方搜索“环境变量”→打开“编辑系统环境变量”。

添加环境变量如图A-5所示。

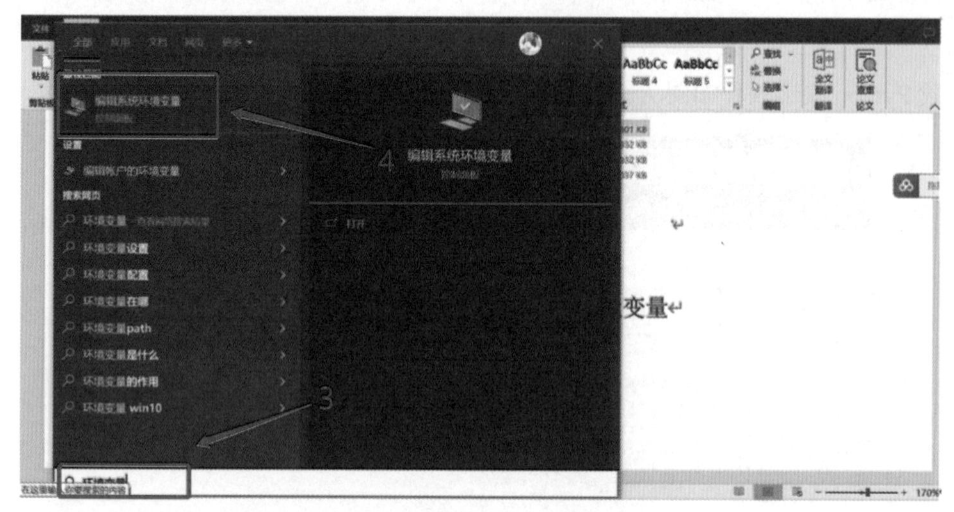

图A-5 添加环境变量

③ 打开“环境变量”，如图A-6所示。然后双击“path”。

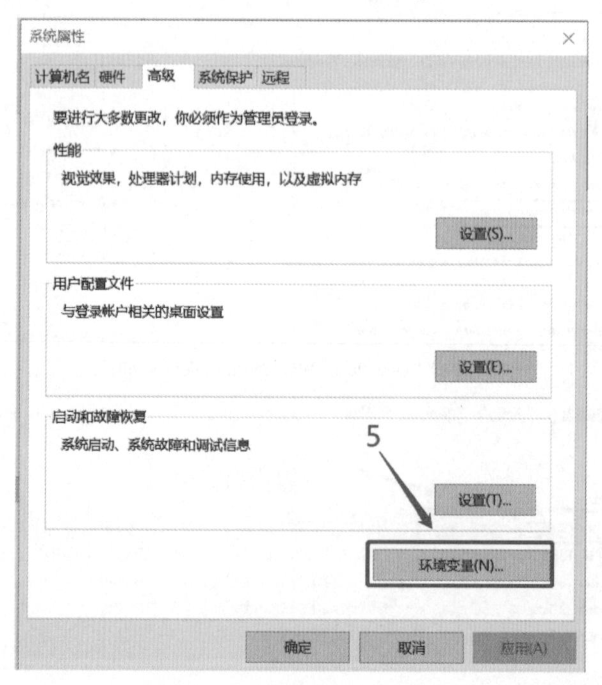

图A-6 打开“环境变量”

④ 单击“新建”，将复制的路径粘贴在图A-7中红框标记处，单击“确定”，环境变量添加成功。

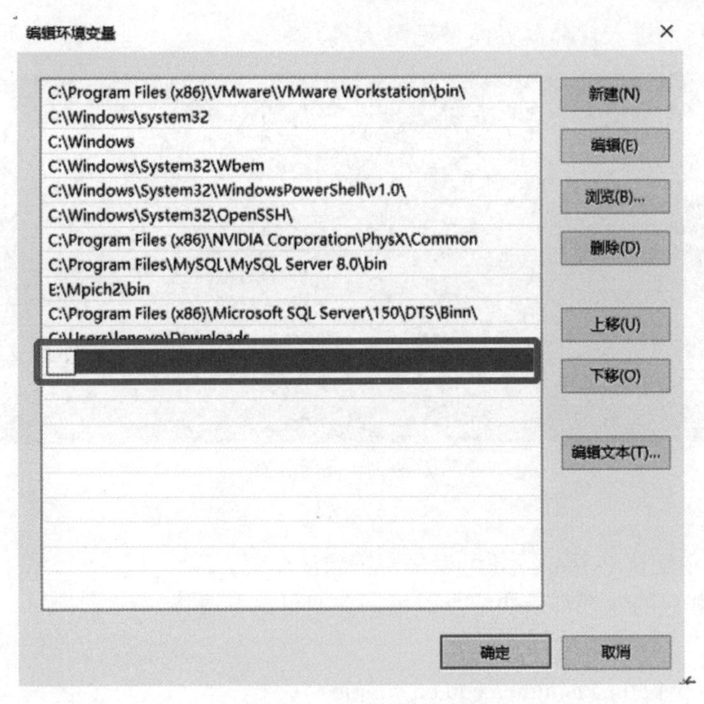

图 A-7 编辑环境变量

（3）安装 Python。

双击下载的软件“python-3.10.3-amd64.exe”→单击“install now”安装（记得勾选 Add python 3.10.3to PATH）。

3）在 PyCharm 中配置 Python

（1）方法一。

① 双击桌面的 PyCharm 软件图标，打开 PyCharm→单击“new project”→取名（给自己的项目命名，例如 pythonProject）→单击“creat”。

② 添加解释器。

单击“File”→选择“Settings”→选择自己的项目（例如：上述命名项目 pythonProject）→单击“Python Interpreter”→单击“Add”。

打开后添加解释器如图 A-8 所示。

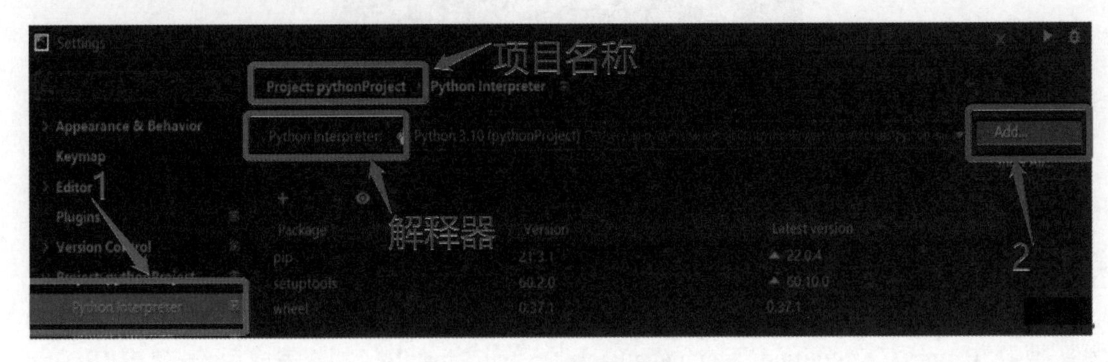

图 A-8 添加解释器

添加解释器后，进入解释器界面（见图 A-9）。

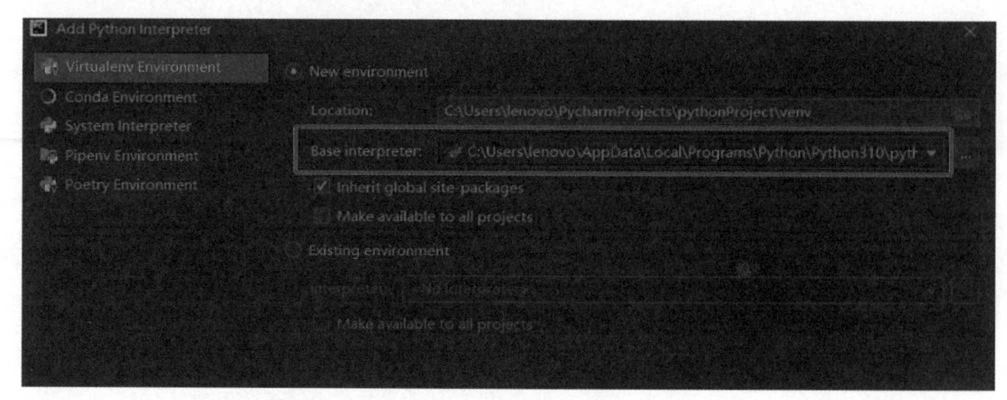

图 A-9　解释器界面

（2）方法二。

在 PyCharm 中配置 Python，还可以采用镜像源配置。

配置镜像下载包的速度可以快一点，根据需要可自行选择。

镜像源如下。

清华：https://pypi.tuna.tsinghua.edu.cn/simple

阿里云：http://mirrors.aliyun.com/pypi/simple/

中国科技大学：https://pypi.mirrors.ustc.edu.cn/simple/

① 单击“File”→选择“Settings”→选择自己的项目（例如：上述命名项目 pythonProject）→单击“Python Interpreter”→单击“pip”→单击“Manage Repositories”，如图 A-10 所示。

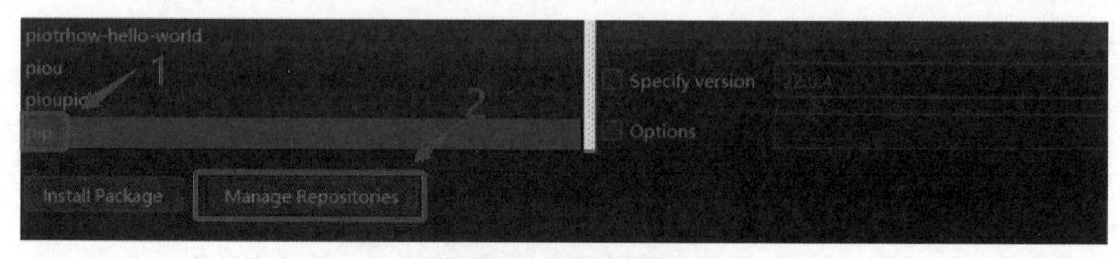

图 A-10　镜像源配置 1

② 单击左上角“加号”，把上述镜像源复制进去就可以了。镜像源复制如图 A-11 所示。

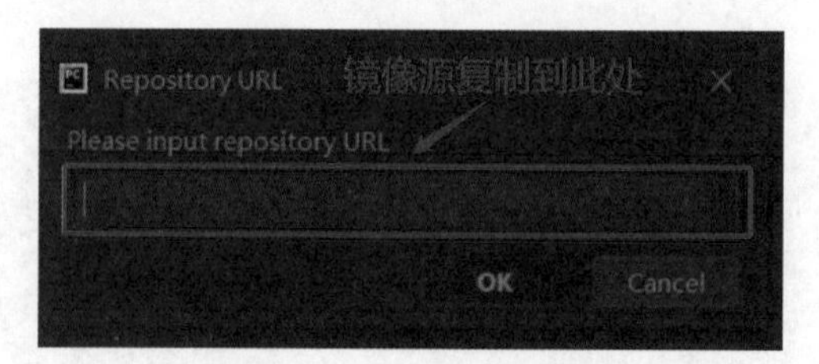

图 A-11　镜像源复制

（3）插件配置。

① 单击“File”→选择“Settings”→选择“Plugins”→选择自己需要的插件（以汉化为例），搜索“Chinese（Simplified）Language Pack”→单击“install”（加载完成后）→单击“Restart IDE”→单击“Restart”，成功之后会重新载入，汉化完成。

② 用同样的方式可以安装自动补码插件：TabNine 或者 kite。当输入代码时会自动补码，方便编程，如图 A-12 所示。

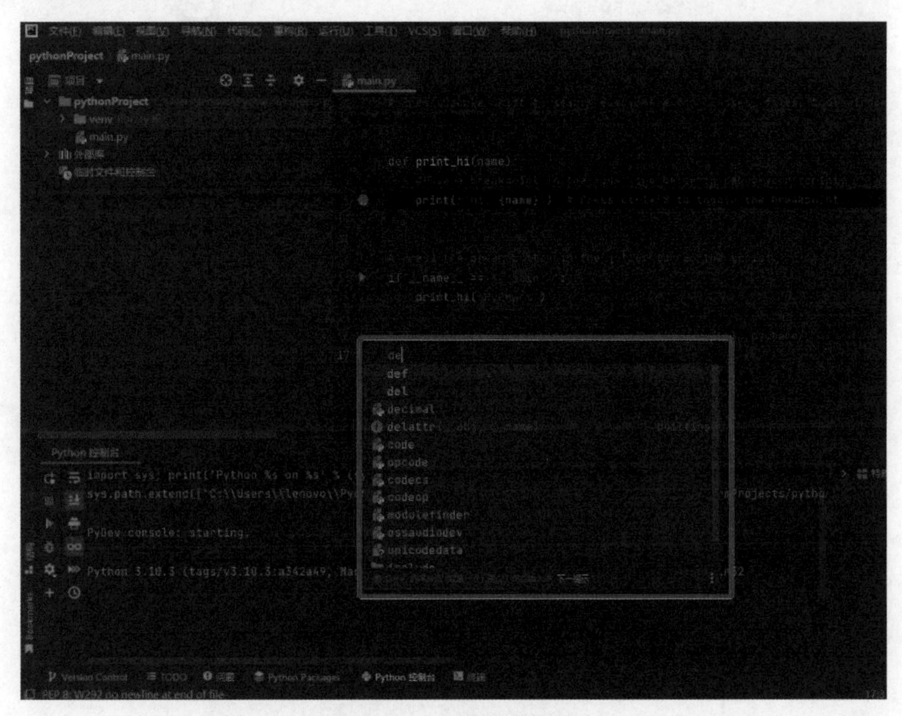

图 A-12　插件配置界面

2. 安装配置虚拟机和 **Ubuntu-16.04**

1）下载并安装 VMware Workstation 虚拟机

（1）访问 VMware 官网，下载 VMware Workstation。

下载地址为 https://www.vmware.com/go/getworkstation-win。

（2）下载后双击进行安装。安装 VMware Workstation 如图 A-13 所示。

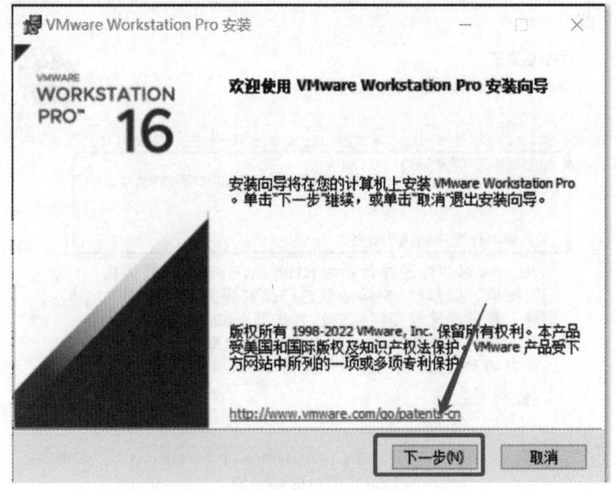

（a）单击“下一步”

图 A-13　安装 VMware Workstation

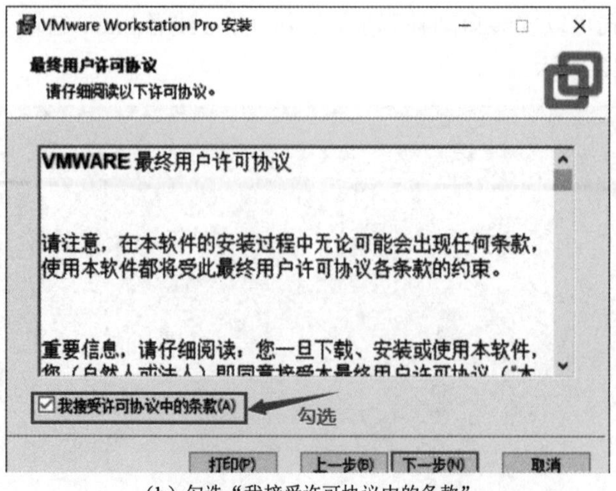

（b）勾选“我接受许可协议中的条款”

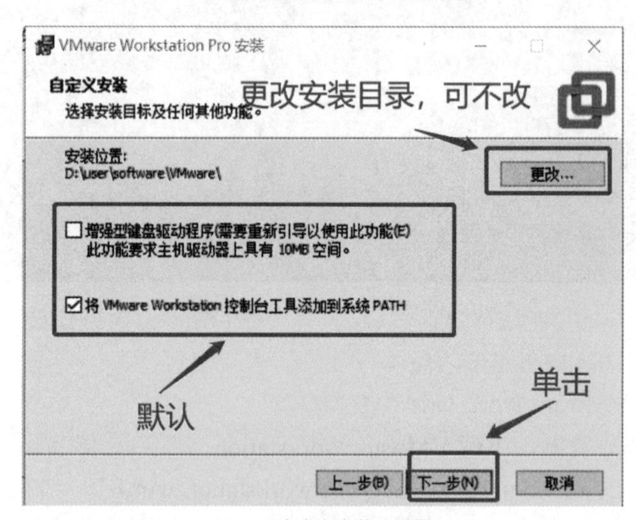

（c）“自定义安装”设置

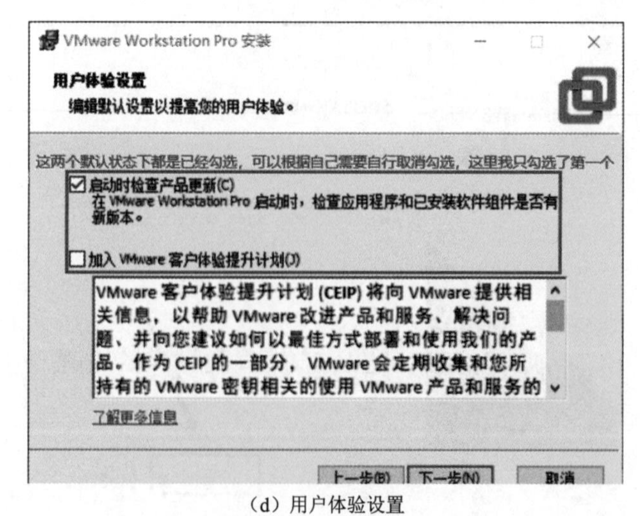

（d）用户体验设置

图 A–13　安装 VMware Workstation（续）

（3）安装完成后的第一次启动需要许可证密钥，根据提示输入密钥或选择试用 30 天，如图 A-14 所示。

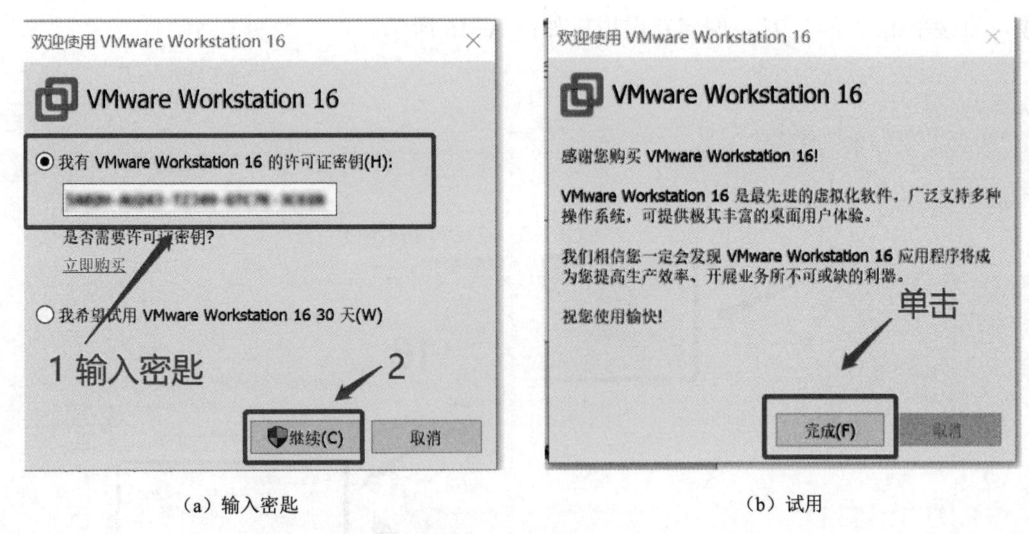

（a）输入密匙　　（b）试用

图 A-14　第一次启动

2）在 VMware 虚拟机中创建新的虚拟机

本实验将新建的虚拟机命名为：Ubuntu 64 位。

（1）打开虚拟机，如图 A-15 所示。

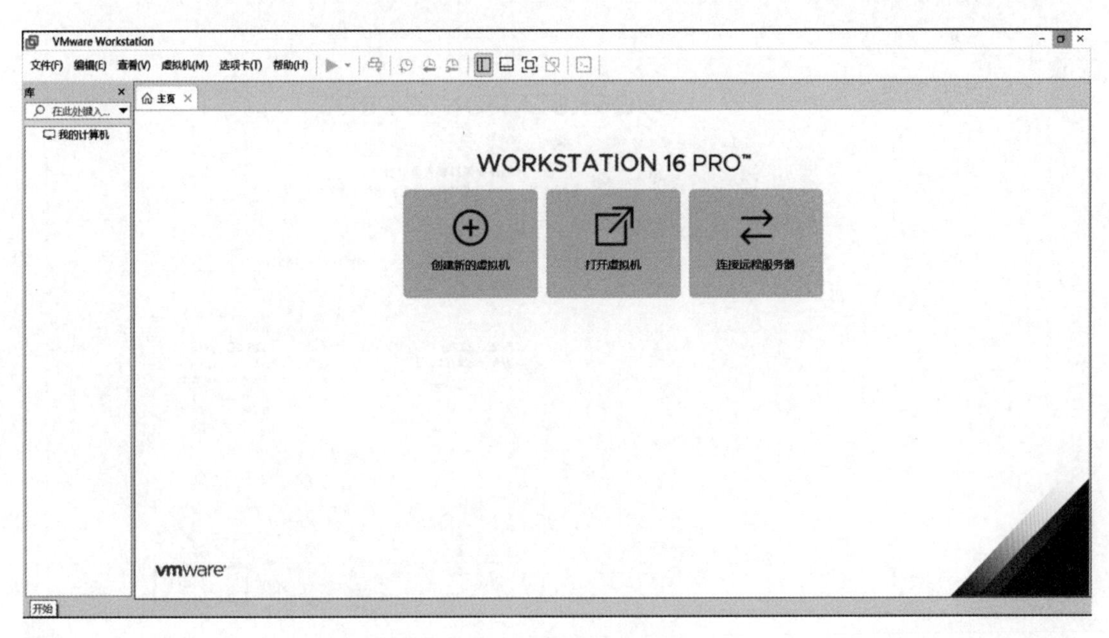

图 A-15　打开虚拟机

（2）创建新虚拟机—Ubuntu 64 位。

“创建新的虚拟机”→“自定义（高级）”→“下一步”→默认虚拟机硬件兼容性，直接单击“下一步”→“稍后安装操作系统”→“Linux/Ubuntu 64 位”→“设置 Ubuntu 的名称、选择虚拟机的存放位置（磁盘较大的位置）”→“处理器配置”→余下步骤全部选择默认推荐选项，直接单击“下一步”。创建新虚拟机如图 A-16 所示。

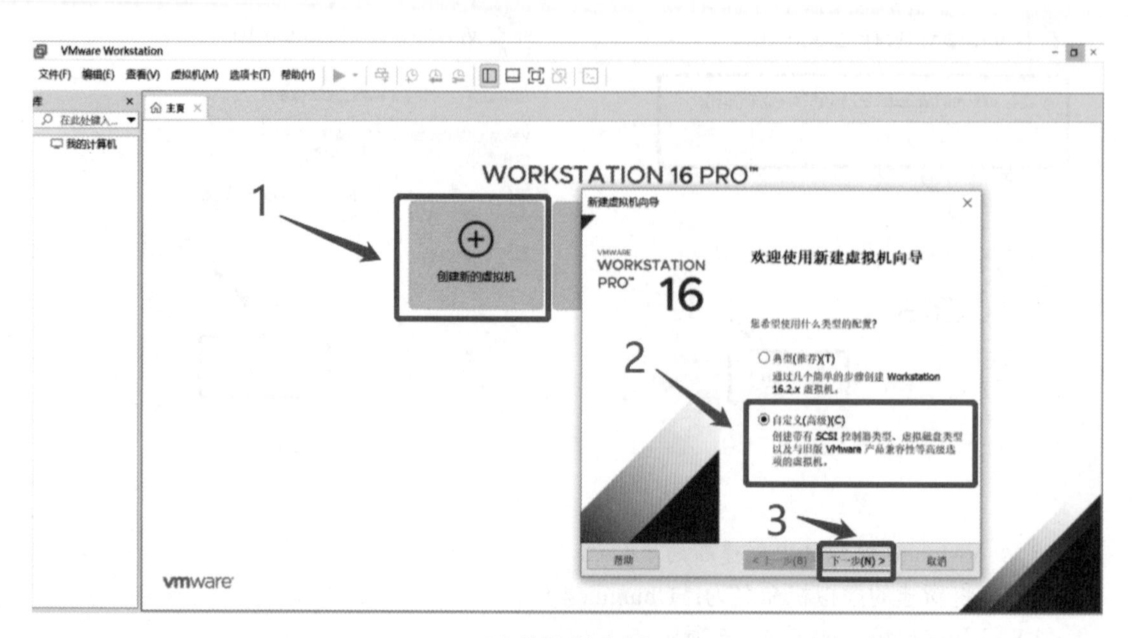

（a）选择“自定义”

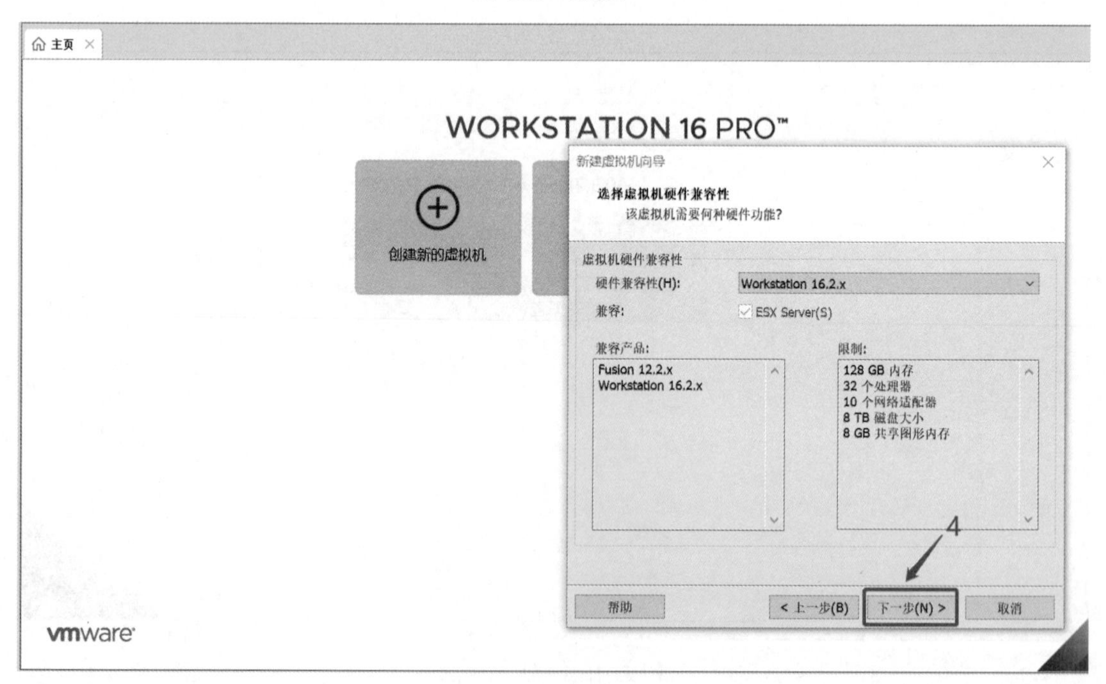

（b）选择虚拟机硬件兼容性

图 A-16　创建新虚拟机

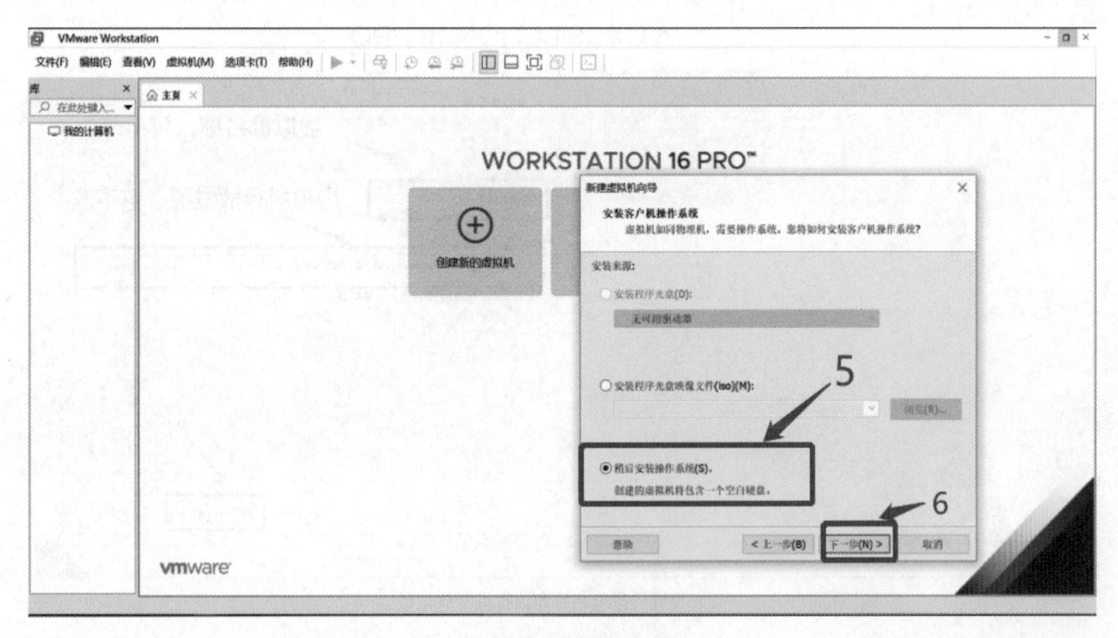

（c）选择“稍后安装操作系统”

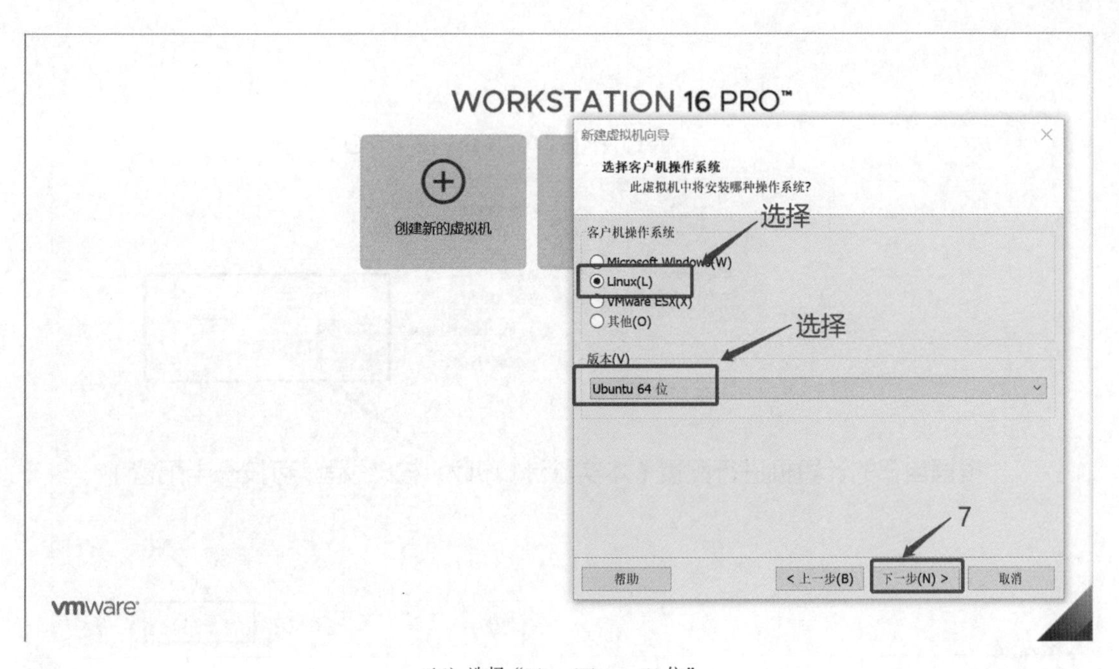

（d）选择“Linux/Ubuntu 64 位”

图 A–16　创建新虚拟机（续）

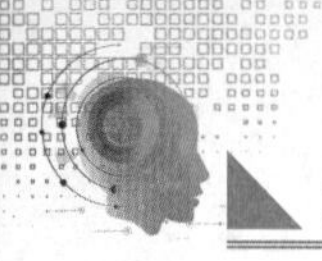

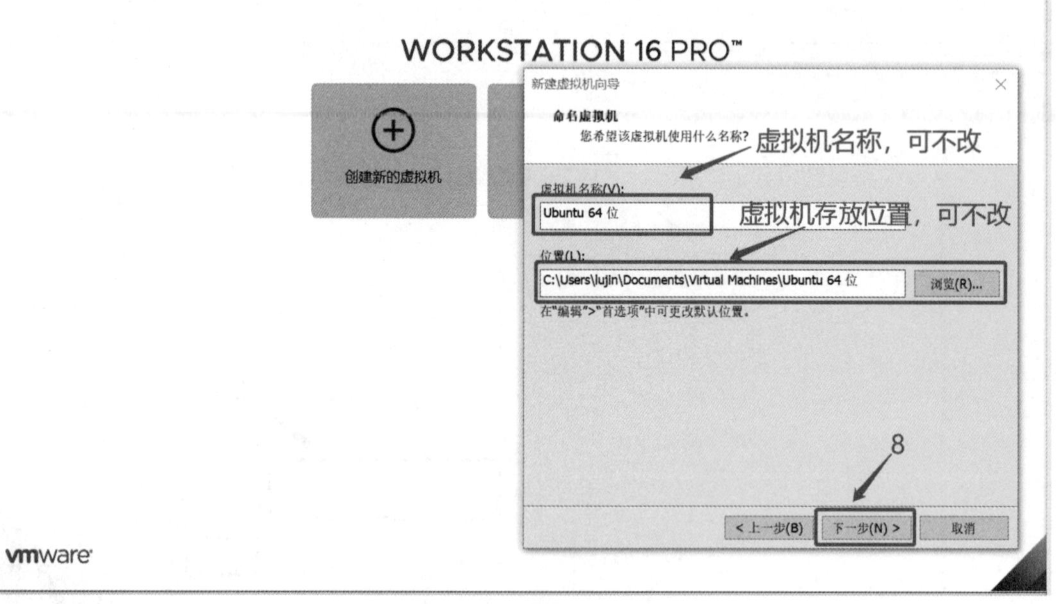

（e）设置虚拟机名称和虚拟机存放位置

图 A-16　创建新虚拟机（续）

根据自己的计算机进行配置（本实验计算机为 4 核 8 线程，可按一半配置），如图 A-17 所示。

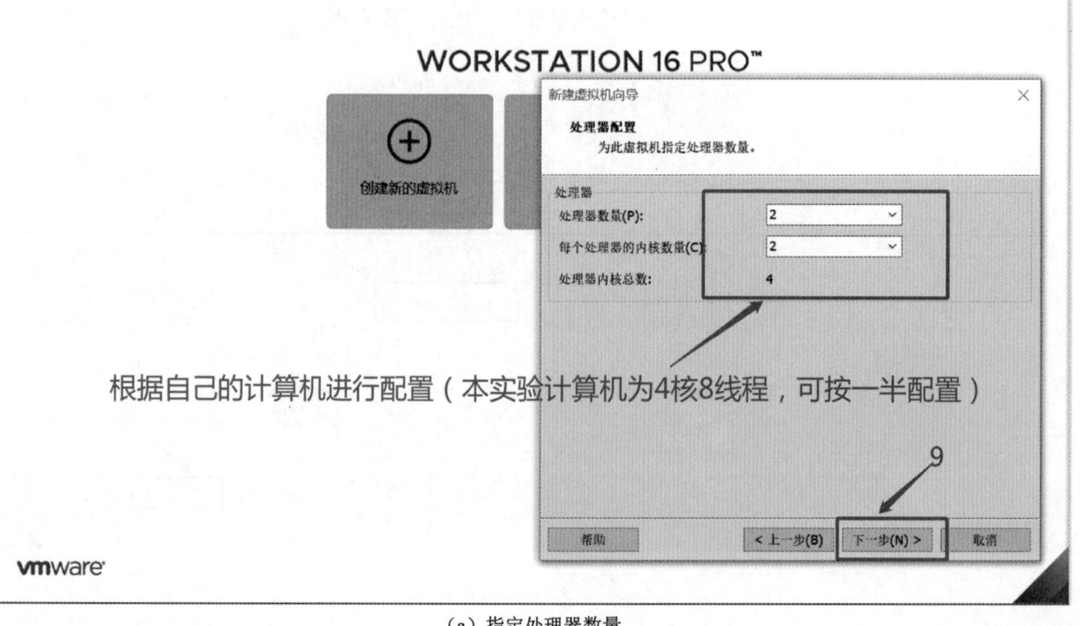

（a）指定处理器数量

图 A-17　根据自己的计算机进行配置

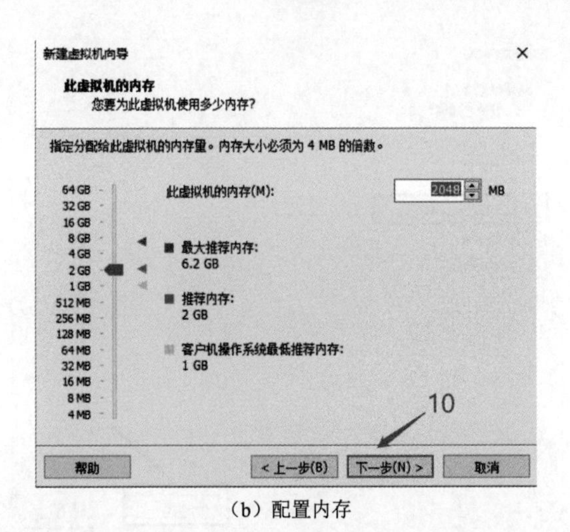

（b）配置内存

图 A–17　根据自己的计算机进行配置（续）

内存、联网方式（后续可在设置中更改），以及 I/O 控制器类型按推荐安装，磁盘类型等均选择默认（之后的步骤全部选择默认，一直单击“下一步”，直至完成），如图 A–18 所示。

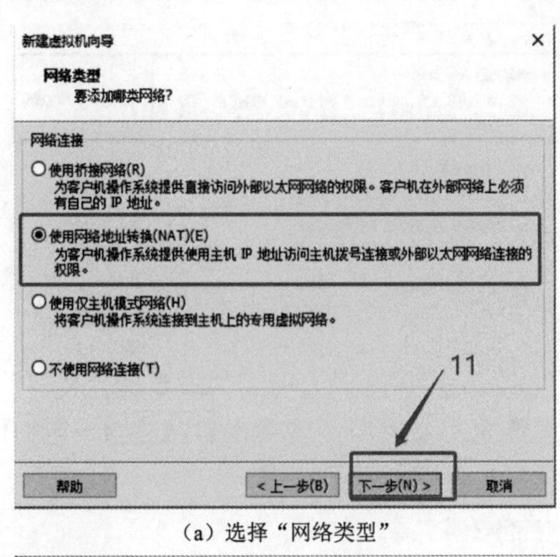

（a）选择“网络类型”

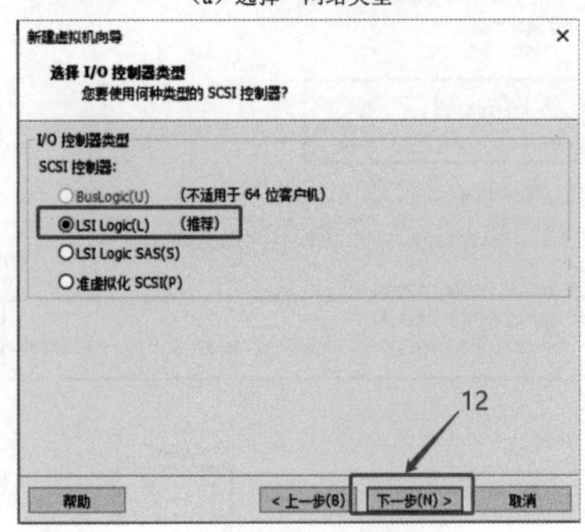

（b）选择 I/O 控制器类型

图 A–18　完成创建新虚拟机

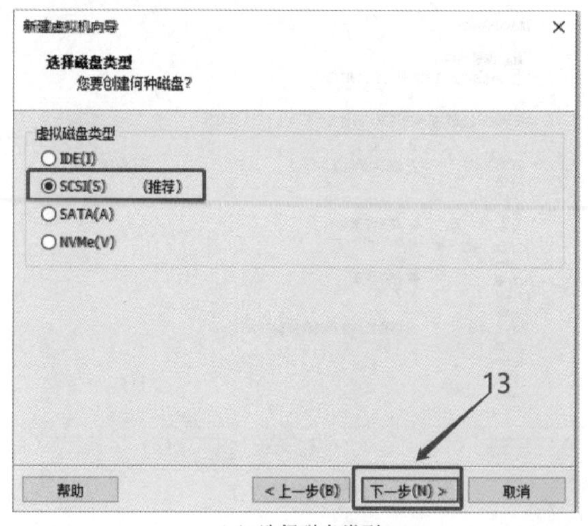

（c）选择磁盘类型

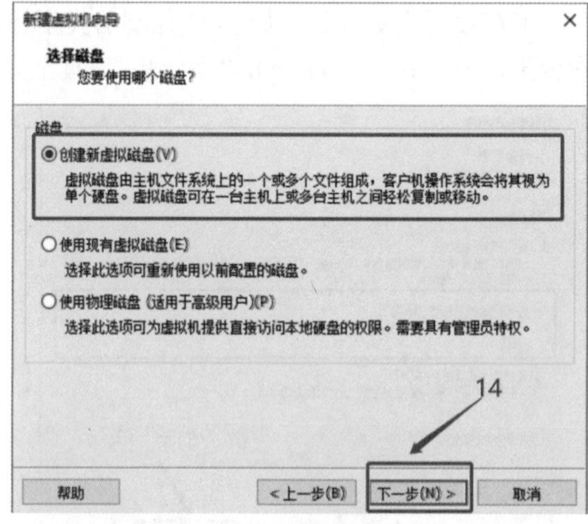

（d）选择磁盘

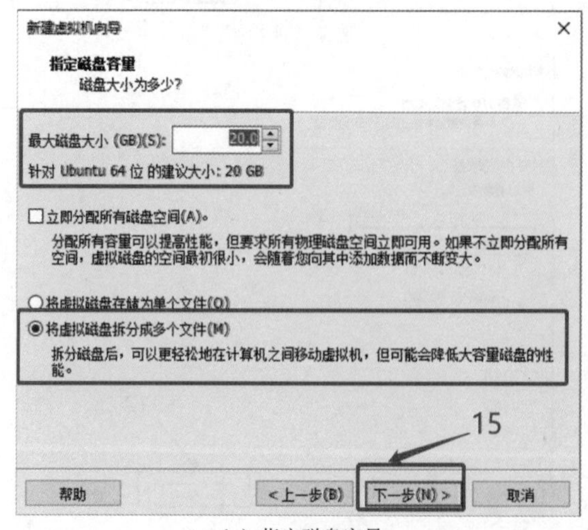

（e）指定磁盘容量

图 A-18　完成创建新虚拟机（续）

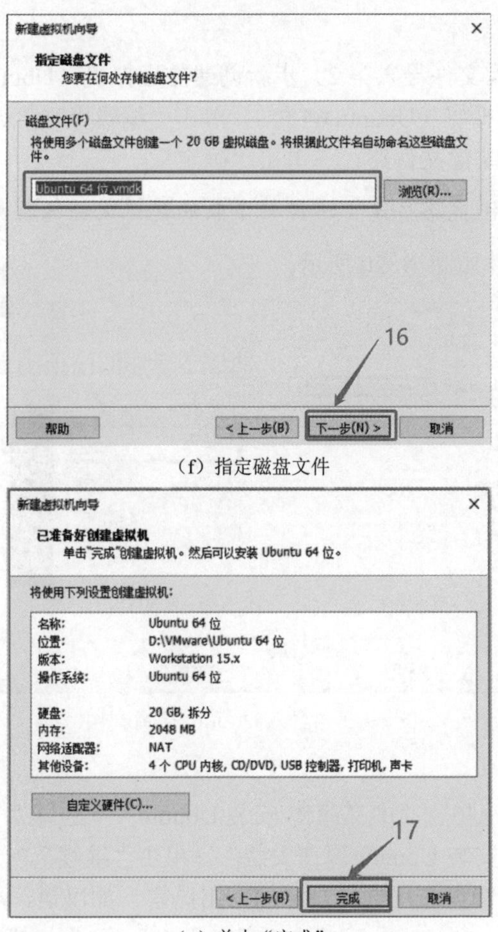

（f）指定磁盘文件

（g）单击“完成”

图 A–18　完成创建新虚拟机（续）

3）下载 Ubuntu-16.04 镜像文件

实验最低要求为 16.04 版本，这里以 16.04 版本为例进行介绍。下载地址：http://releases.ubuntu.com/16.04。注：desktop 是桌面版，32 位操作系统可以下载 i386 的版本，64 位操作系统可以下载 AMD64 的版本。如前所述，本实验以 64 位 Windows 操作系统为例。下载 Ubuntu-16.04 镜像文件如图 A–19 所示。

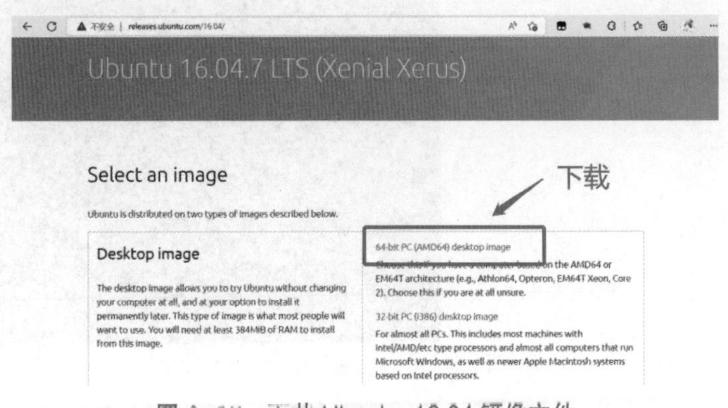

图 A–19　下载 Ubuntu–16.04 镜像文件

4）导入 Ubuntu 镜像文件

将下载的 Ubuntu 镜像文件导入第 2）步新创建的虚拟机（Ubuntu 64 位）中。

选中刚才新创建的虚拟机（Ubuntu 64 位），单击“编辑虚拟机设置”→单击“CD/DVD”→单击右侧“浏览”ISO 映像文件路径→单击“确定”。

注：ISO 映像文件的浏览路径是上述链接下载的镜像文件的存放地址。

导入 Ubuntu 镜像文件如图 A-20 所示。

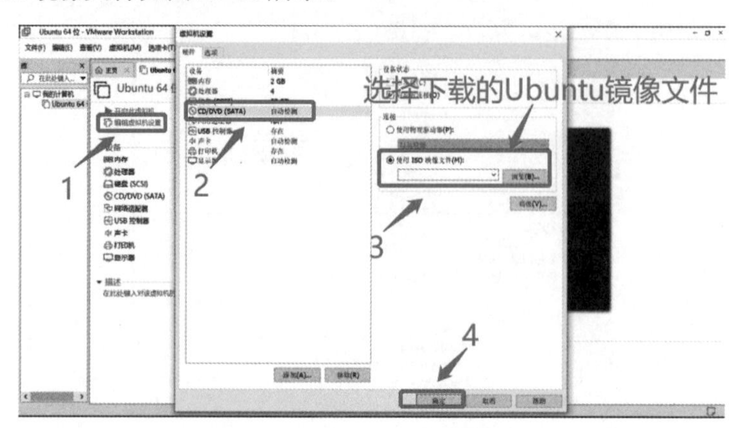

图 A-20　导入 Ubuntu 镜像文件

5）安装 Ubuntu

单击“开启虚拟机”→单击“中文简体/安装 Ubuntu”→选择“安装 Ubuntu 时下载更新”→选择“清除整个磁盘并安装 Ubuntu/现在安装”→单击“继续”→选时区时，选择中国的地区就行，单击“继续”→键盘布局选择自己的常用语言，如汉语，单击“继续”→设置用户名和密码，单击“继续”→安装成功后单击“现在重启”，重启虚拟机→输入密码，登录后进入主界面。

注：鼠标移动不了时可以按 Ctrl+Alt 键。

安装 Ubuntu 如图 A-21 所示。

（a）步骤 1

图 A-21　安装 Ubuntu

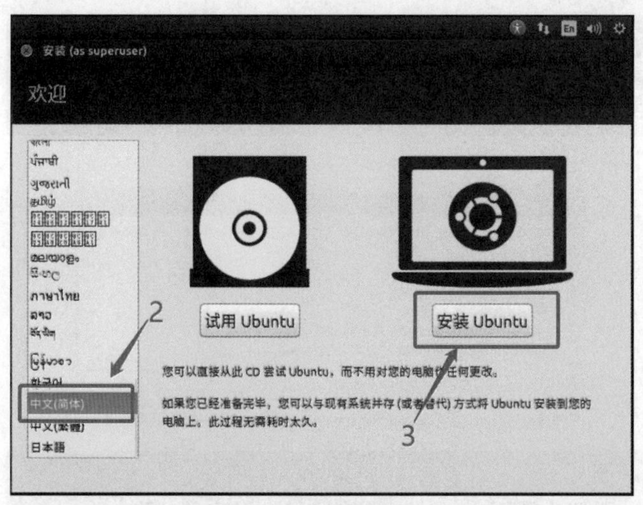

（b）步骤 2、3

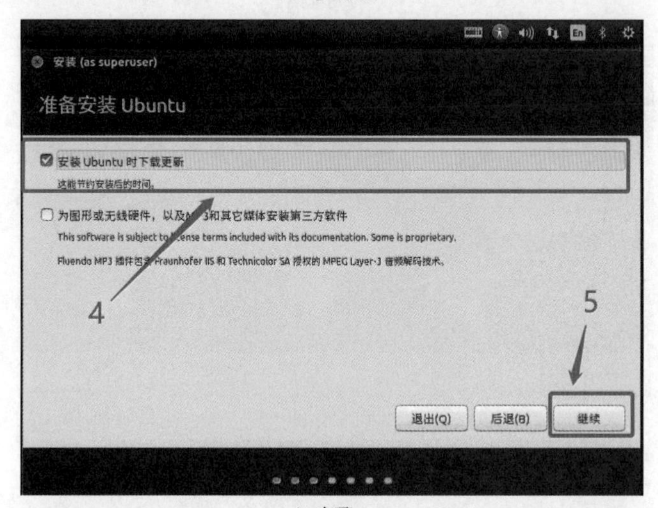

（c）步骤 4、5

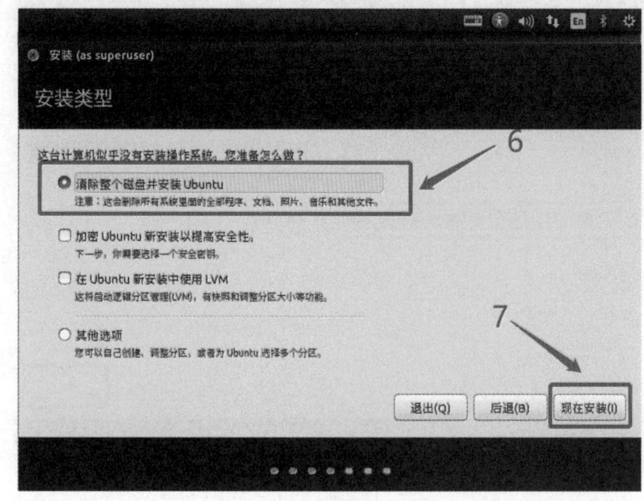

（d）步骤 6、7

图 A-21　安装 Ubuntu（续）

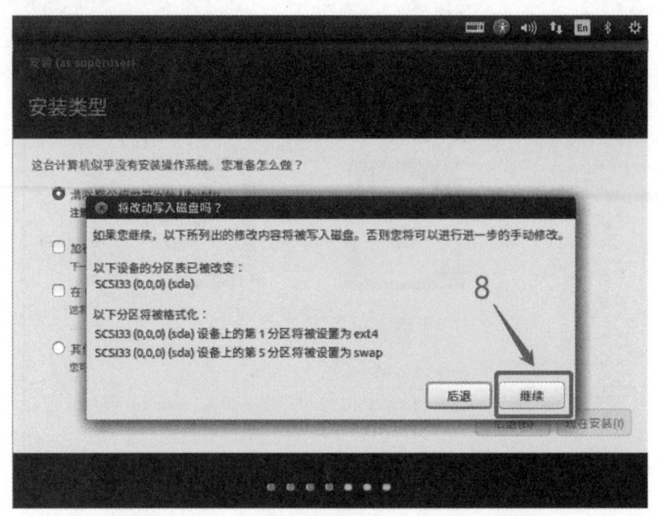

（e）步骤 8

（f）步骤 9

（g）步骤 10

图 A–21　安装 Ubuntu（续）

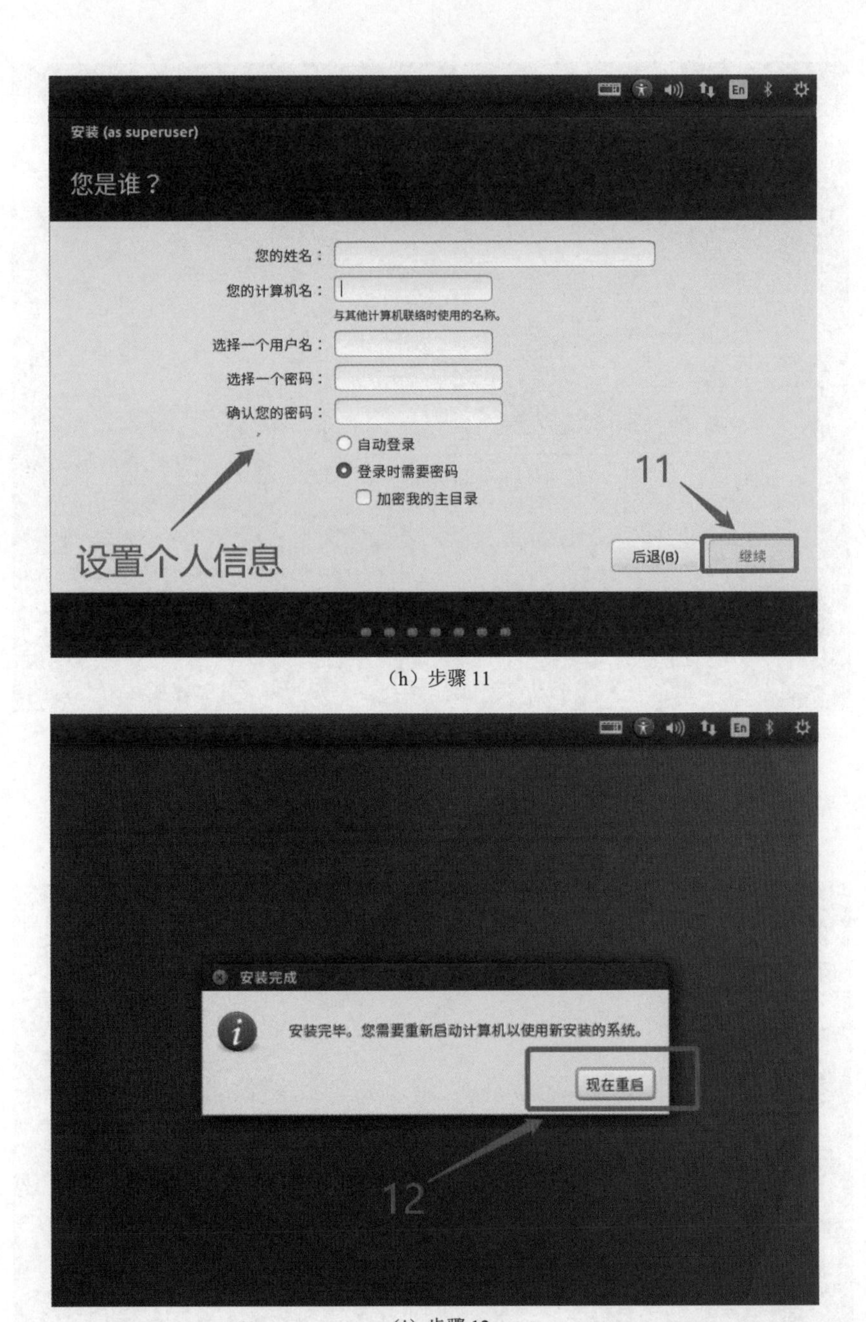

（h）步骤 11

（i）步骤 12

图 A-21　安装 Ubuntu（续）

注：如果重启一直“卡住”，可以单击右键，选择“Ubuntu6 位”→“电源”→“关机”，再单击“开启此虚拟机”来重新启动虚拟机。

输入密码登录如图 A-22 所示。

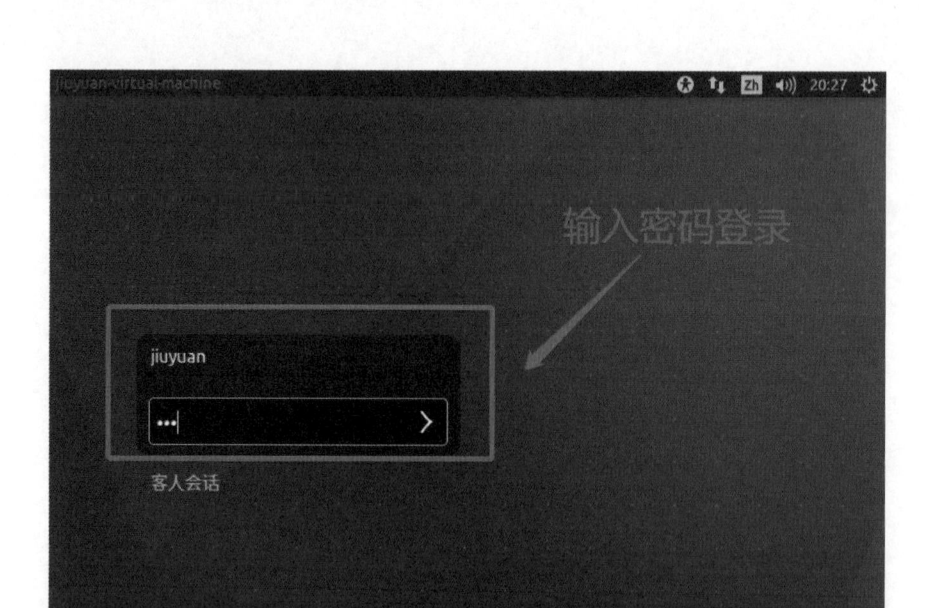

图 A-22　输入密码登录

登录后界面如图 A-23 所示。

图 A-23　登录后界面

6）安装 VMware Tools

（1）单击菜单栏“虚拟机”→安装“VMware Tools”，如图 A-24 所示。

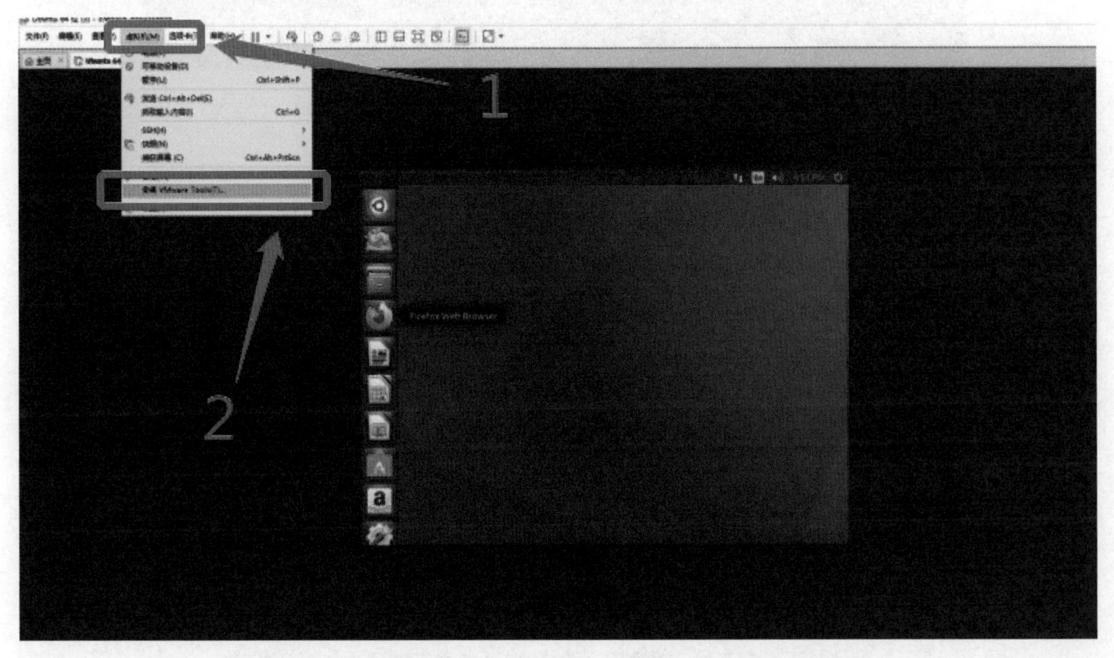

图 A-24　单击菜单栏“虚拟机”→安装“VMware Tools”

（2）在弹出的窗口中找到文件，用右键复制到桌面，如图 A-25 所示。

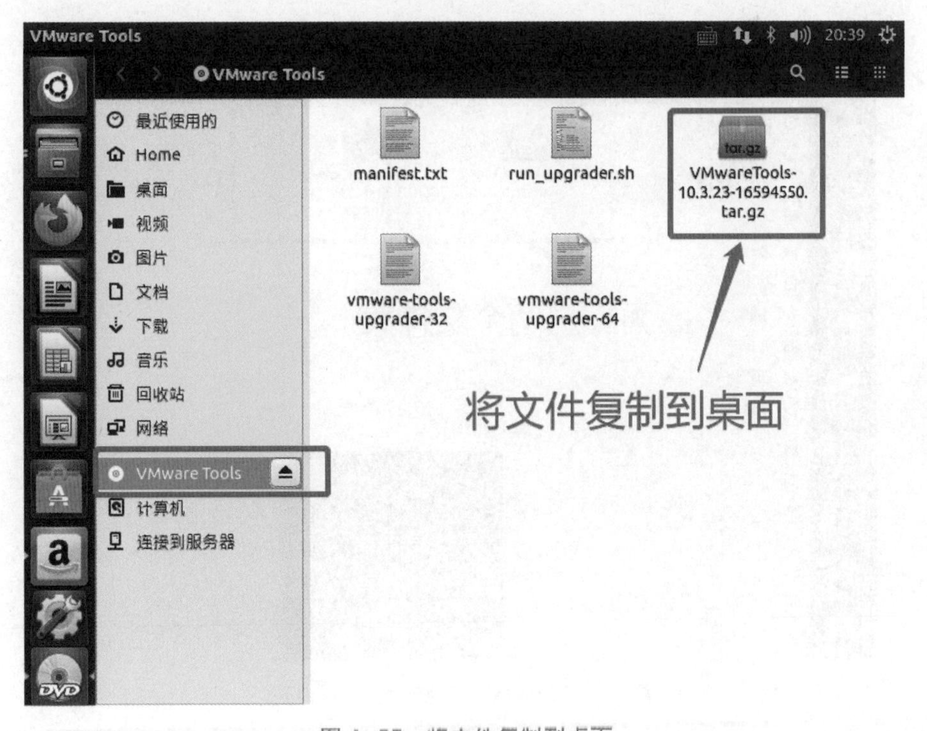

图 A-25　将文件复制到桌面

（3）右击刚才复制过来的文件夹，单击“提取到此处”，如图 A-26 所示。

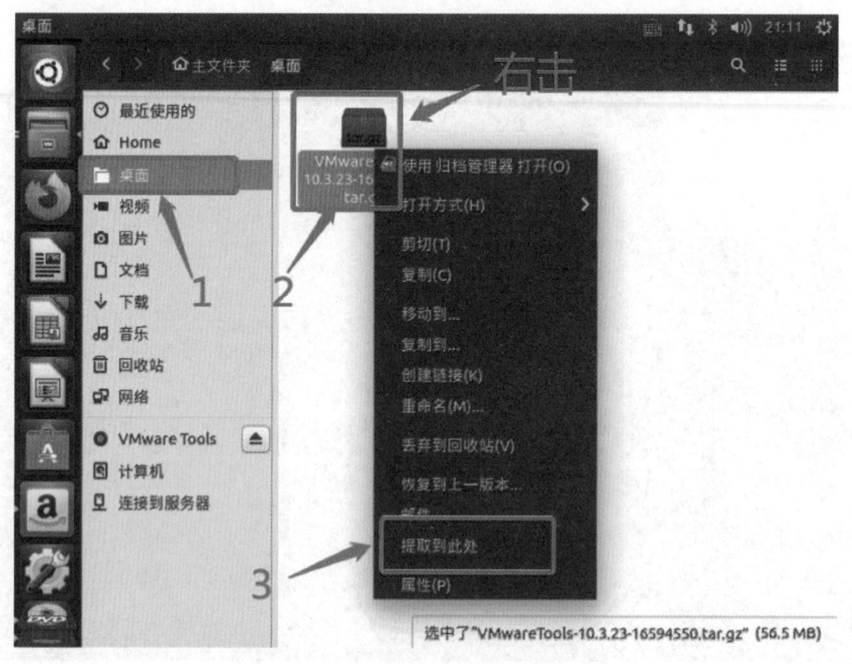

图 A-26　右击刚才复制过来的文件夹，单击“提取到此处”

桌面此时有两个文件夹，单击右键，选择“在终端打开”，如图 A-27 所示。

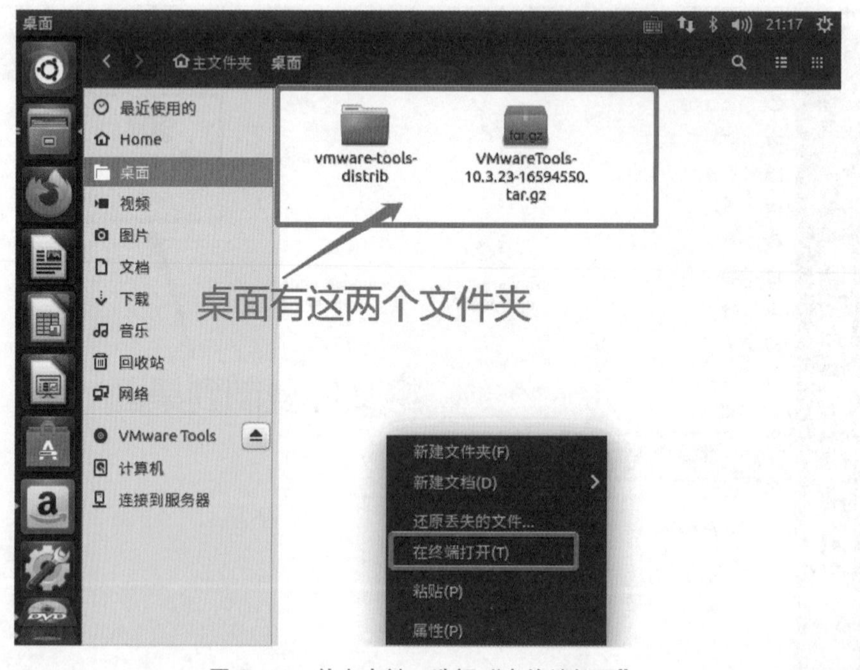

图 A-27　单击右键，选择“在终端打开”

（4）输入“ls”查看该文件夹→输入“tar zxf+文件夹名称”解压→“ls”查看解压后文件，如图 A–28 所示。

终端
20:52
duancongwei@duancongwei-virtual-machine: ~/桌面
duancongwei@duancongwei-virtual-machine:~/桌面$ ls
VMwareTools-10.3.23-16594550.tar.gz vmware-tools-distrib
duancongwei@duancongwei-virtual-machine:~/桌面$ tar zxf VMwareTools-10.3.23-16594550.tar.gz
duancongwei@duancongwei-virtual-machine:~/桌面$ ls
VMwareTools-10.3.23-16594550.tar.gz vmware-tools-distrib
duancongwei@duancongwei-virtual-machine:~/桌面$

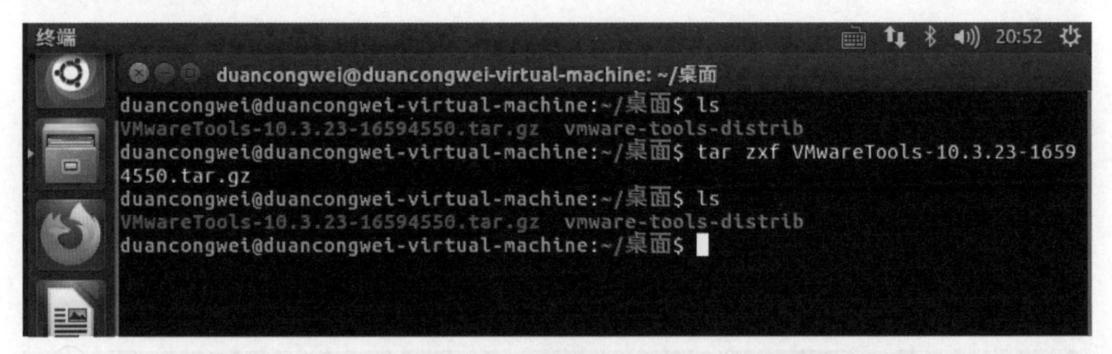

图 A–28　查看解压后文件

输入“cd+解压后文件名”打开，如图 A–29 所示。

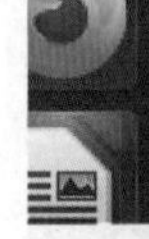

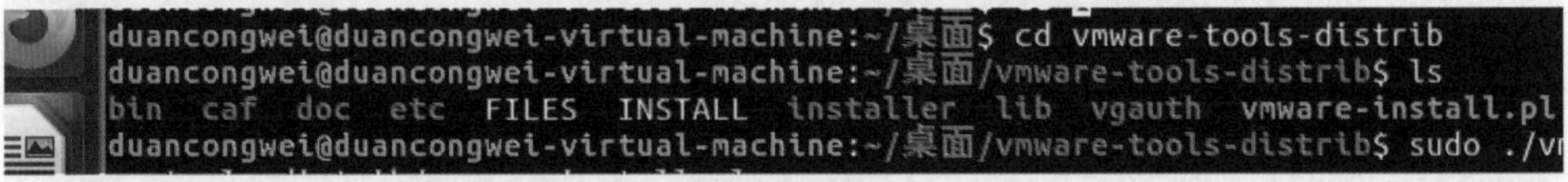

duancongwei@duancongwei-virtual-machine:~/桌面$ cd vmware-tools-distrib
duancongwei@duancongwei-virtual-machine:~/桌面/vmware-tools-distrib$ ls
bin caf doc etc FILES INSTALL installer lib vgauth vmware-install.pl
duancongwei@duancongwei-virtual-machine:~/桌面/vmware-tools-distrib$ sudo ./v

图 A–29　输入“cd+解压后文件名”打开

输入“sudo　./vmware-install.pl”进行安装（注意 sudo 后面是两个空格），然后输入“yes”，按回车键，如图 A–30 所示。

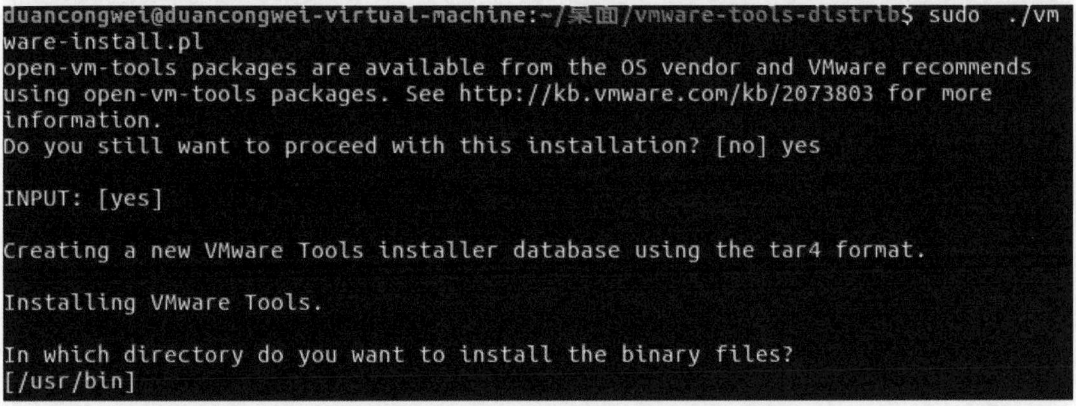

duancongwei@duancongwei-virtual-machine:~/桌面/vmware-tools-distrib$ sudo ./vmware-install.pl
open-vm-tools packages are available from the OS vendor and VMware recommends using open-vm-tools packages. See http://kb.vmware.com/kb/2073803 for more information.
Do you still want to proceed with this installation? [no] yes
INPUT: [yes]
Creating a new VMware Tools installer database using the tar4 format.
Installing VMware Tools.
In which directory do you want to install the binary files?
[/usr/bin]

图 A–30　输入“sudo　./vmware–install.pl”进行安装

显示安装成功如图 A–31 所示，手动重启。

Enjoy,
--the VMware team

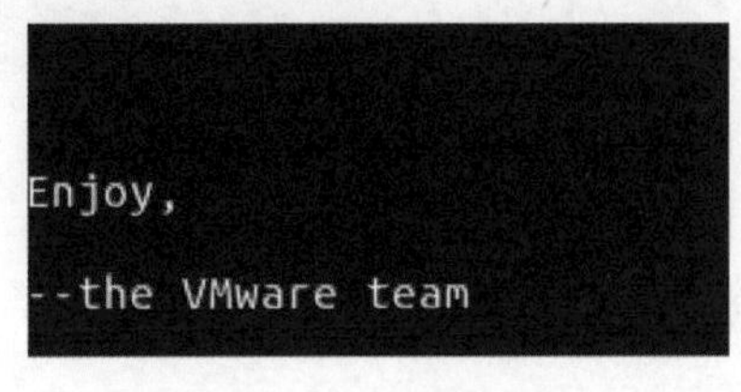

图 A–31　显示安装成功

3. 安装 ROS Kinetic

1）设置 sources.list

输入：

```
sudo sh -c 'echo  " deb http://packages.ros.org/ros/ubuntu $(lsb_release -sc) main "  > /etc/apt/sources.list.d/ros-latest.list'
```

2）设置 key

输入：

```
sudo apt-key adv --keyserver 'hkp://keyserver.ubuntu.com:80' --recv-key C1CF6E31E6BADE8868B172B4F42
ED6FBAB17C654
```

成功后显示 A-32 所示提示。

```
duancongwei@duancongwei-virtual-machine:~$ sudo sh -c 'echo "deb http://packages
.ros.org/ros/ubuntu $(lsb_release -sc) main">/etc/apt/sources.list.d/ros-latest.
list'
duancongwei@duancongwei-virtual-machine:~$ sudo apt-key adv --keyserver 'hkp://k
eyserver.ubuntu.com:80' --recv-key C1CF6E31E6BADE8868B172B4F42ED6FBAB17C654
[sudo] duancongwei 的密码:
Executing: /tmp/tmp.qoP6zJstm3/gpg.1.sh --keyserver
hkp://keyserver.ubuntu.com:80
--recv-key
C1CF6E31E6BADE8868B172B4F42ED6FBAB17C654
gpg: 下载密钥'AB17C654'，从 hkp 服务器 keyserver.ubuntu.com
gpg: 密钥 AB17C654: 公钥"Open Robotics <info@osrfoundation.org>"已导入
gpg: 合计被处理的数量: 1
gpg:               已导入: 1  (RSA: 1)
duancongwei@duancongwei-virtual-machine:~$ 
```

图 A-32 提示

3）更新 package

输入：

```
sudo apt-get update
```

执行并获取，此时等待时间较长，建议选择网络较好的地方操作。

4）安装 ROS Kinetic 完整版

输入：

```
sudo apt-get install ros-kinetic-desktop-full
```

5）初始化 rosdep

输入：

```
sudo rosdep init
rosdep update
```

6）配置环境

输入：

```
echo  " source /opt/ros/kinetic/setup.bash "  >> ~/.bashrc
source ~/.bashrc
```

7）安装依赖项

输入：

```
sudo apt-get install python-rosinstall python-rosinstall-generator python-wstool build-essential
```

8）检验是否成功

输入：

```
roscore
```

初始化 ros 环境，再打开一个终端，输入命令后弹出小乌龟，如图 A-33 所示。

```
rosrun turtlesim turtlesim_node
```

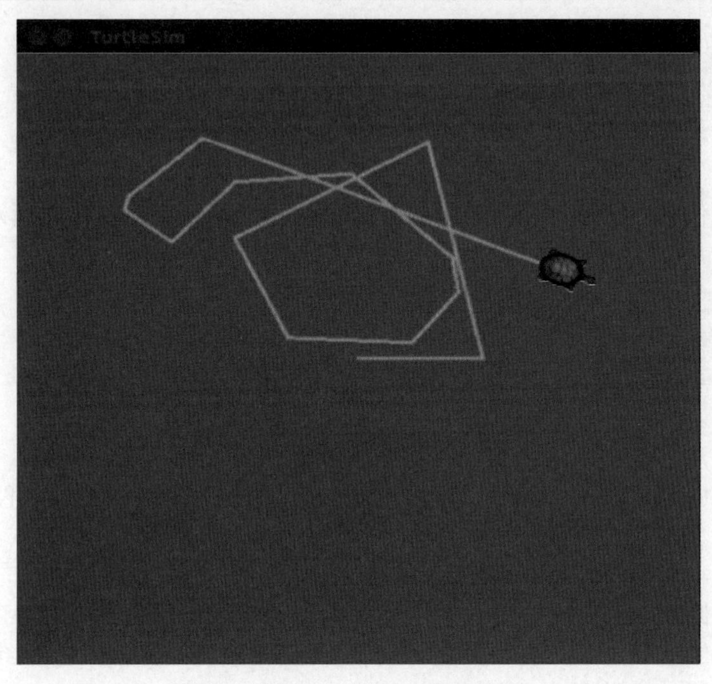

图 A-33　弹出小乌龟

附录 B

实验压缩包的使用

附录 A 中的软件环境安装配置过程较为复杂，本书也提供实验压缩包，读者自己安装好 VMware 后，导入已配置好 Ubuntu 和 ROS 系统的压缩包，就可以使用。

首先按照附录 A 的方法，安装 VMware 虚拟机（参考附录 A 操作步骤），安装完 VMware 虚拟机后再执行下述步骤。

（1）解压文件夹“Ubuntu 64”位下的“Ubuntu 64 位.rar”，如图 B−1 所示。

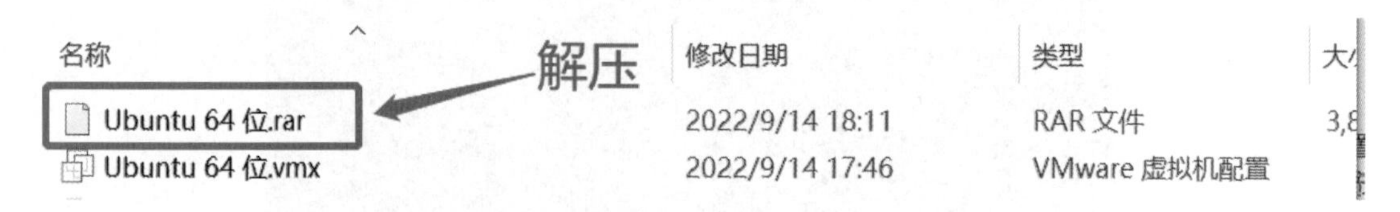

图 B−1　解压文件夹“Ubuntu 64 位”下的“Ubuntu 64 位.rar”

解压得到“Ubuntu 64 位.vmdk”和“Ubuntu 64 位.vmx”两个文件，如图 B−2 所示。

名称	修改日期	类型
Ubuntu 64 位.rar	2022/9/14 18:11	RAR 文件
Ubuntu 64 位.vmdk	2022/9/14 17:46	VMware 虚拟磁盘文...
Ubuntu 64 位.vmx	2022/9/14 17:46	VMware 虚拟机配置

图 B−2　解压得到“Ubuntu 64 位.vmdk”和“Ubuntu 64 位.vmx”两个文件

（2）打开 VMware 虚拟机。

单击“打开虚拟机”→找到所给资源中的“Ubuntu 64 位.vmx”文件，勾选，单击“打开”，如图 B−3 所示。

注：如果等待时间较长，没有反应。可能是电脑磁盘运行比较忙，可耐心等待，也可单击任务管理器，查看此时磁盘是否处于活动状态。

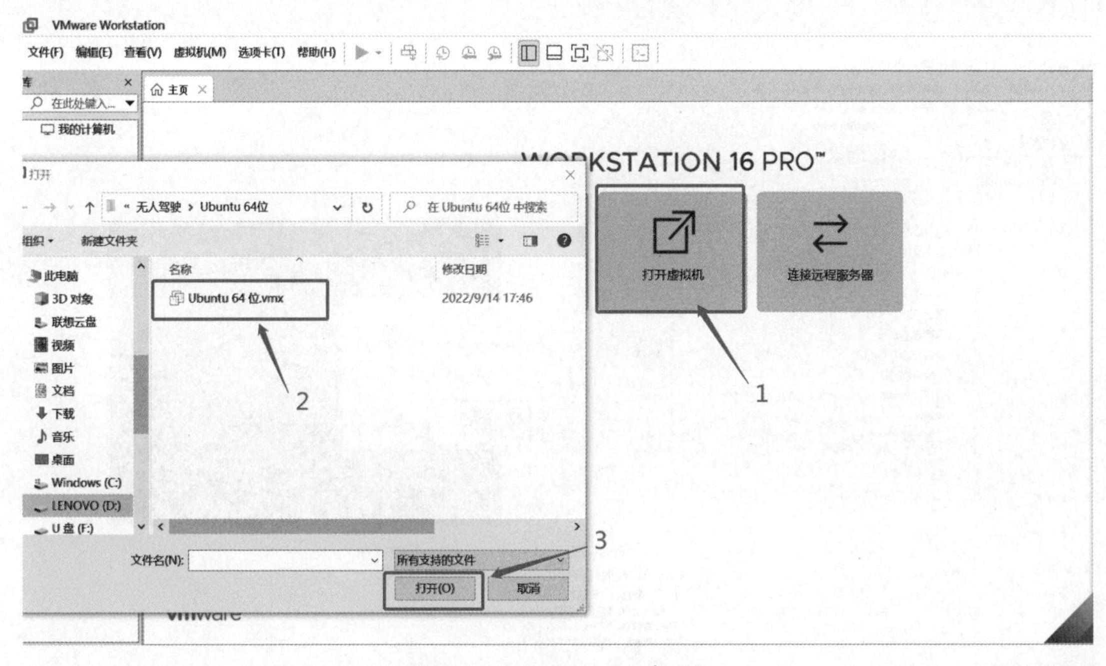

图 B-3　打开 VMware 虚拟机

打开 VMware 虚拟机后界面如图 B-4 所示。

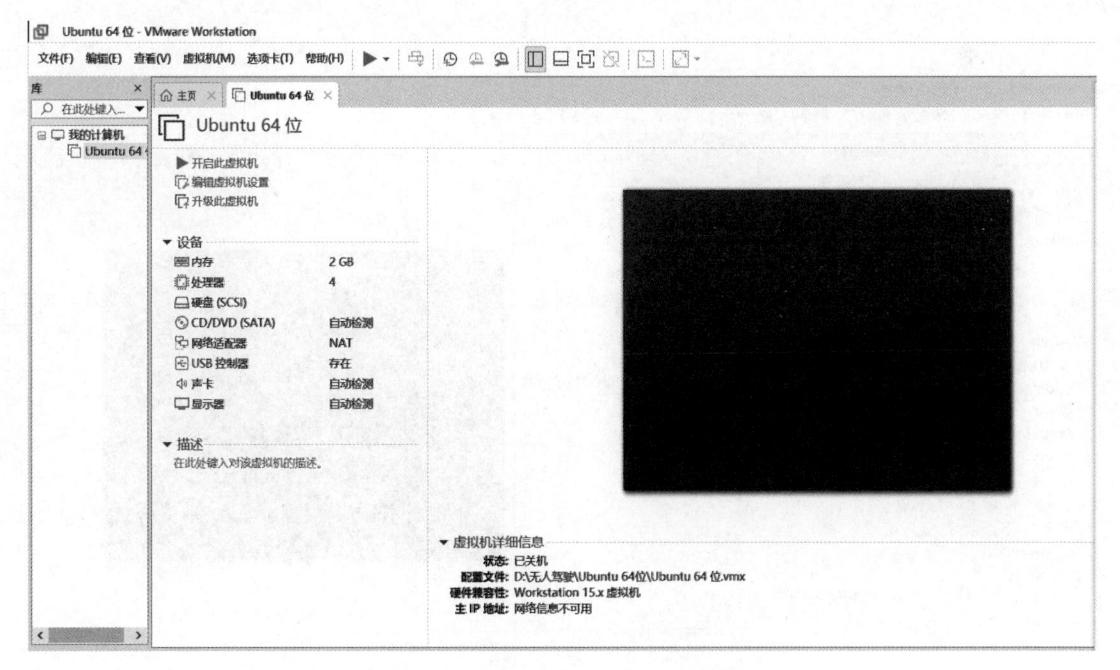

图 B-4　打开 VMware 虚拟机后界面

（3）单击“开启此虚拟机”，会出现图 B-5 所示提示。

图 B-5 单击“开启此虚拟机”后出现的提示

单击“浏览”，选择所给资源中的“Ubuntu 64 位.vmdk”文件，单击“打开”，如图 B-6 所示。

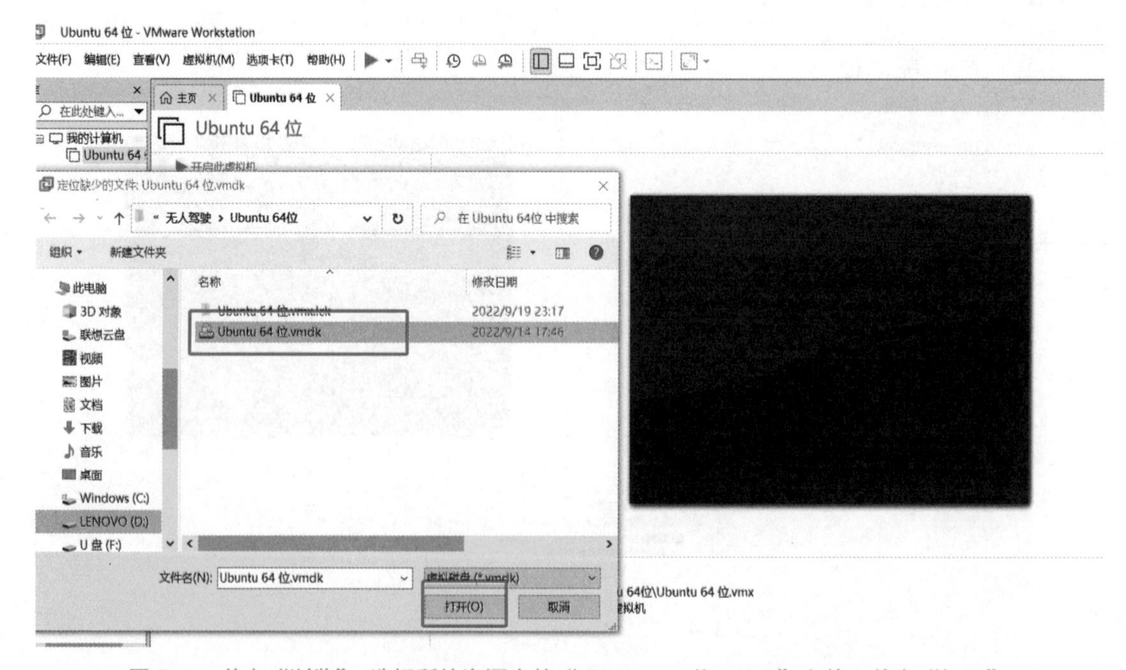

图 B-6 单击“浏览”，选择所给资源中的“Ubuntu 64 位.vmdk”文件，单击“打开”

开机时，出现图 B-7 所示弹框，选择“我已复制该虚拟机”。

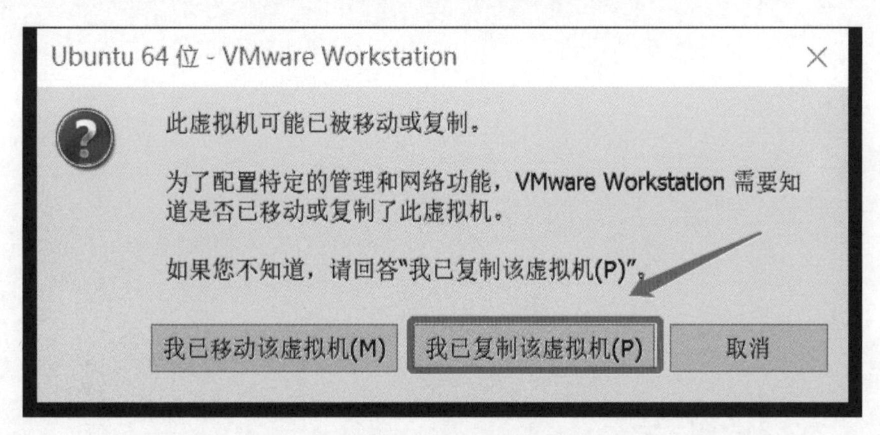

图 B-7　选择“我已复制该虚拟机”

至此，导入成功，可以看见用户名是 bjtu123，密码是 123，如图 B-8 所示。

注：按账户、密码登录，不要按“Guest Session”登录。

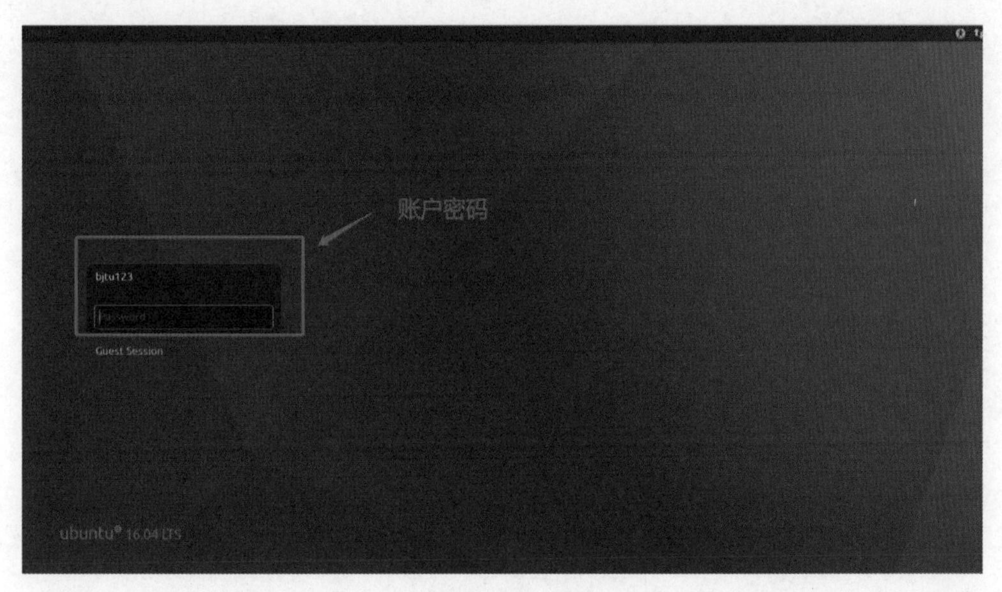

图 B-8　导入成功